中等职业教育改革创新示范精品教材（网站建设与管理专业）

小型局域网组建

主　编　薛　雯　谢　淼

副主编　王苏颖　陈启浓

主　审　郭悦莎　张选波

电子工业出版社

Publishing House of Electronics Industry

北京·BEIJING

内 容 简 介

本书引入企业真实的工程案例，以项目方式组织知识内容。全书由七个项目组成，内容涉及认识局域网、了解以太网、构建简单办公网、优化和扩展办公网络、构建路由网络、构建三层交换网络、实现园区网互通、保护办公网和园区网安全及搭建校园无线网络等。主要介绍了网络服务器及操作系统选型、安装、维护、调优、备份及恢复；网络设备调试、维护；企业数据维护、备份；安全方案规划、实施、管理、文档撰写、归档等具体内容。使读者通过课程学习具备设计一个简单的局域网网络及网络日常管理、维护的能力。

本书可提供中等职业学校网站建设与管理专业师生和其他计算机类专业师生作为教材使用，也可作为网络建设和管理的自学者以及社会培训机构使用。

图书在版编目（CIP）数据

小型局域网组建 / 薛雯，谢淼主编. —北京：电子工业出版社，2013.10

中等职业教育改革创新示范精品教材. 网站建设与管理专业

ISBN 978-7-121-21180-5

Ⅰ. ①小… Ⅱ. ①薛… ②谢… Ⅲ. ①局域网—中等专业学校—教材 Ⅳ. ①TP393.1

中国版本图书馆 CIP 数据核字（2013）第 178093 号

策划编辑：杨宏利
责任编辑：郝黎明
印　　刷：北京七彩京通数码快印有限公司
装　　订：北京七彩京通数码快印有限公司
出版发行：电子工业出版社
　　　　　北京市海淀区万寿路 173 信箱　邮编　100036
开　　本：787×1 092　1/16　印张：8.75　字数：224 千字
版　　次：2013 年 10 月第 1 版
印　　次：2025 年 1 月第 14 次印刷
定　　价：25.00 元

前言

随着 Internet 的飞速发展，信息技术的不断进步，计算机网络在很短的时间内被大多数人所认识，现在已经渗透到社会生活和工作的各个领域。网络技术的大规模应用也推动了局域网技术的蓬勃发展，随之而来各行各业对懂得局域网技术、掌握网络组建方法、善于管理和使用局域网的人才需求与日俱增。作为一直坚持"以服务为宗旨，以就业为导向"的职业教育，转变传统的以课堂和学校为中心的职业教育方式，大力推行工学结合、校企合作、顶岗实践的人才培养模式，注重学习者的职业技能培养，达到办学质量和效益的不断提高。

本书目标

本书的编写目标是帮助读者掌握网络基础知识、网络建设相关技术，以及网络设备和服务器的配置调试方法。以实际生活中各种网络组建、维护需求为导向组织知识点，并依照企业施工过程组织技能训练内容。旨在加强学习者实践能力的培养，为学习者进入实际职业岗位场景做准备，缩短学习者的学习与就业之间的距离。

内容组成

本书引入企业真实的工程案例，以项目方式组织知识内容。全书由七个项目组成，内容涉及认识局域网、了解以太网、构建简单办公网、优化和扩展办公网络、构建路由网络、构建三层交换网络、实现园区网互通、保护办公网和园区网安全及搭建校园无线网络等。主要介绍了网络服务器及操作系统选型、安装、维护、调优、备份及恢复；网络设备调试、维护；企业数据维护、备份；安全方案规划、实施、管理、文档撰写、归档等具体内容。使读者通过课程学习具备设计一个简单的局域网网络及网络日常管理、维护的能力。

本书特点

1．以人才培养方案为依托——明确教材定位

本书的编写是以计算机应用专业"岗位驱动、项目导向"人才培养方案为指导，以"项目导向、课岗一体"课程体系中的教学计划、教学标准为依据，与企业技术人员共同开发，注重突出岗位核心能力的培养。

2．以岗位任务为线索——确定教学项目

教学项目必须与岗位任务相匹配。按照岗位任务的逻辑关系设计教学情境，打破"三段式"学科课程模式，摆脱学科课程的思想束缚，从岗位需求出发，尽早让学生进入工作实践，为学生提供体验完整工作过程的学习机会，逐步实现从学习者到工作者的角色转换。

3．以职业能力为依据——设计教学情境

知识的掌握服务于能力的建构。要围绕职业能力的形成组织教学内容，以岗位任务为中心来整合相应的知识、技能和态度，实现理论与实践的统一。编写中避免了把职业能力简单理解为操作技能，而是注重职业情境中实践智慧的养成，培养学生在复杂的工作过程中做出判断并采取行动的综合职业能力。

4．以典型工作任务为载体——开展教学活动

按照工作过程设计学习过程。以真实的项目为载体来设计活动、组织教学，建立工作任务与知识、技能的联系，增强学生的直观体验，激发学习者的学习兴趣。

5．以职业技能鉴定为参照——强化技能训练

教材内容体系的组织参照了教育部全国计算机等级考试考纲和行业认证考试的考核标准，使学习者在校学习期间能顺利通过黑龙江省组织的职业技能鉴定，获得相应的与就业岗位相关的行业认证资格证书。

6．以资源共享为目标——配套教材资源

为了增强课堂教学的开放性，便于各类求知者学习，本教材配备了PPT电子课件、电子教案及实训指导，有利于不同层次的学习者更好地根据教学要求预习、复习或自学。

学时安排建议见下表（仅供参考）：

	教 学 项 目	学 时
1	组建双机互联网络	12
2	组建部门办公网络	18
3	组建复杂办公网络	18
4	构建路由网络	14
5	实现校园网互通	12
6	保护办公网安全	12
7	保护校园网安全	16
	合　计	102

教学建议

➢ 教学方法：把整个学习过程模拟为在中小企业构建局域网并进行管理的实际工作过程。再以基于工作过程的项目教学为主，将相对独立的阶段工作过程设计为教学项目，通过项目实训让学生逐一掌握相对独立的技术，不断提高项目的综合性。引导学生将相应的知识点关联起来，达到能够独立设计和组建完整的小型局域网。在项目教学中可以尝试采用模拟演练教学法，为学生提供近似真实的训练环境，使学生仿佛置身于真实的工作岗位，从而更有效地学习某职业所需的知识、技能和综合能力。

➢ 考核方法：采用形成性考核方式。总成绩=过程评价60%（学习态度10%+知识、技能水平20%+项目测试30%）+结果评价40%（期末实操考试40%）。期末实操考试要求完成一个实验室网络的设计与实施组建，并搭建相关的服务器。

➢ 教学条件：每位学生一台计算机（安装 Windows 2003 Server），每四位学生有一把打线钳、一个电缆测试仪、两台二层交换机、两台三层交换机、两台路由器；教师应有丰富的计算机网络系统理论知识，并具备网络组建经验，掌握行业测试标准。

由于作者水平有限，书中错误之处在所难免，请读者批评指正。

编　者

2013 年 8 月

目录

项目一

组建双机互联网络

1.1　岗位任务

　　根据需要学校财务室的会计和出纳各自拥有一台工作用计算机，因工作特点限制不能与外网连接，但它们之间经常有数据传输和资源共享，那么最好的解决方法就是采用双机直连，也就是采用交叉线通过网卡将两台计算机直接连接。

1.2　教学目标

　　（1）掌握制作双绞线的方法。
　　（2）掌握 IP 地址的设置方法和查看方法。
　　（3）理解 TCP/IP 设置的四要素：IP 地址、子网掩码、默认网关、DNS 服务器地址。
　　（4）掌握计算机之间连通性测试的方法。
　　（5）认识网卡，掌握网卡及网卡地址及分类。
　　（6）掌握 Windows 网络中文件共享的技巧和方法。

1.3　知识背景

1.3.1　计算机网络定义与功能

　　计算机网络就是利用通信线路和通信设备，将分布在不同地理位置，具有独立功能的多台计算机相互连接起来，在网络软件的支持下实现数据通信和资源共享的系统。
　　计算机网络的主要功能有以下几个方面。
　　● 数据通信
　　数据通信是计算机网络最基本的功能。建设网络的主要目的就是快速传送计算机与终端、计算机与计算机之间的各种信息，让分布在不同地理位置的用户能够相互通信、交流信

息。网络可以传输数据、声音、图像及视频等多媒体信息，利用网络可以发送电子邮件、打电话、在网上举行视频会议等，从而实现将分散在各个地区的单位或部门用计算机网络联系起来，进行统一的调配、控制和管理。

● 资源共享

"资源"指的是网络中所有的软件、硬件和数据资源。"共享"指的是网络中的用户都能够部分或全部地享受这些资源。

计算机网络允许用户共享网络上各种不同类型硬件设备：服务器、存储器、打印机等。共享硬件的好处是提高硬件的使用效率、节约开支。

共享软件允许多个用户同时使用专供网上使用的软件，如数据库管理系统、Internet 服务软件等，可以保持数据的完整性和一致性。

● 均衡负荷与分布处理

均衡负荷是指将网络中工作负荷均匀地分配给网络中的各计算机系统，这样处理能均衡各计算机的负载，充分发挥网络系统上各主机作用，提高处理问题的实时性；解决大型综合性复杂问题时，可将问题各部分交给不同的计算机分头处理，多台计算机联合使用，充分利用网络资源，扩大计算机的处理能力，并构成高性能的计算机体系，这种协同工作、并行处理要比单独购置高性能的大型计算机便宜得多。

● 提高系统的安全与可靠性

系统可靠性对于军事、金融和工业过程控制等部门应用特别重要。计算机通过网络中冗余部件，可大大提高可靠性。如工作中一台机器出了故障，可以使用网络中另一台机器替代；网络中一条通信线路出现故障，可以使用另一条线路，从而提高系统整体可靠性。

1.3.2 计算机网络体系结构

计算机网络体系结构是指计算机网络层次结构及各层协议的集合。目前，广泛采用的开放式网络体系结构有两个：ISO 的 OSI/RM 和美国国防部的 TCP/IP。

1. 开放式系统互联参考模型（OSI/RM）

国际标准化组织（ISO）于 1981 年颁布了开放系统互连 OSI 参考模型（Open System Interconnection Reference Model，OSI/RM）的格式，通常简称为"七层模型"，如图 1-1 所示。

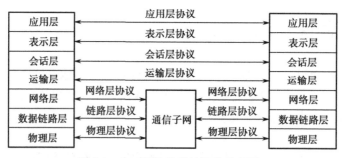

图 1-1 OSI 网络体系结构的示意图

该规范对所有的厂商是开放的，具有指导国际网络结构和开放系统走向的作用。在这种网络结构中数据传输时数据变化过程如图 1-2 所示。

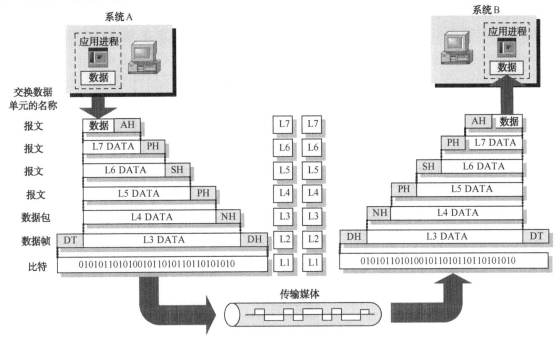

图 1-2 OSI 网络体系结构中数据传输时的数据变化过程

2. TCP/IP 参考模型

TCP/IP 参考模型是计算机网络的始祖 ARPANET 和其后继的因特网使用的参考模型。由于 Internet 在全世界的飞速发展，使得 TCP/IP 协议得到了广泛应用，虽然 TCP/IP 不是 ISO 标准，但广泛使用也使 TCP/IP 成为一种"实际上的标准"，并形成了 TCP/IP 参考模型。不过，ISO 的 OSI 参考模型的制定，也参考了 TCP/IP 协议集及其分层体系结构的思想。而 TCP/IP 在不断发展的过程中也吸收了 OSI 标准中的概念及特征。TCP/IP 网络体系结构层次图如图 1-3 所示。

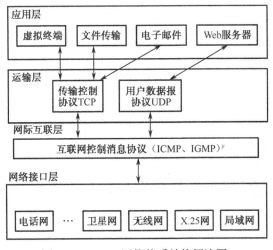

图 1-3 TCP/IP 网络体系结构层次图

TCP/IP 是一组用于实现网络互连的通信协议。Internet 网络体系结构以 TCP/IP 为核心。基于 TCP/IP 的参考模型将协议分成四个层次，它们分别是通信子网层、网络层、运输层和应用层。TCP/IP 协议与 OSI 协议的对比如图 1-4 所示，基于 TCP/IP 协议的数据化如图 1-5 所示。

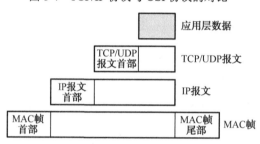

OSI协议		TCP/IP协议	
7	应用层	4	应用层
6	表示层		
5	会话层		
4	运输层	3	运输层
3	网络层	2	网络层
2	数据链路层	1	通信子网层
1	物理层		

图 1-4 TCP/IP 协议与 OSI 协议的对比

应用层数据

TCP/UDP
报文首部 —— TCP/UDP报文

IP报文
首部 —— IP报文

MAC帧
首部 —— MAC帧
尾部 —— MAC帧

图 1-5 基于 TCP/IP 协议的数据变化

1.3.3 计算机网络系统的组成

所有的计算机网络都包括硬件和软件两大部分。网络硬件提供数据处理、数据传输和建立通信物质基础，而网络软件实现网络数据通信和资源共享的过程控制。软件的各种网络功能实现需要依赖于硬件去完成，二者缺一不可。计算机网络系统的基本组成主要包括如下四大要素。

● 计算机系统（硬件）

硬件是计算机网络系统中不可缺少的元素，网络中连接的计算机可以是巨型机、大型机、小型机、计算机及其他数据终端设备，网络中共享大型机设备如图 1-6 所示。

计算机是网络的基本模块，主要负责数据的收集、处理、存储、传播，提供网络上共享的资源，如硬件资源（如巨型计算机、高性能外围设备、大容量磁盘等）、软件资源（如各种软件系统、应用程序、数据库系统等）。

● 通信线路和通信设备（硬件）

网络通信系统用于连接网络中计算机的通信线路和通信设备，负责网络中数据传送、接收或转发。网络通信系统是连接

图 1-6 网络中共享大型机设备

计算机系统的桥梁，传输数据的通道。其中通信线路分有线通信和无线通信。有线通信是指采用光纤、同轴电缆、双绞线等传输介质的通信；无线通信是指使用无线电、微波、红外线和激光等传输介质的通信。

通信设备从功能上分两种：一种是将计算机接入网络的网络接口设备，如网卡（NIC）和调制解调器（Modem）等；另一种是将网络与网络连接起来的网络互联设备，包括中继器（Repeater）、集线器（Hub）、网桥（Bridge）、交换机（Switch）、路由器（Router）及网关等设备，如图1-7所示。

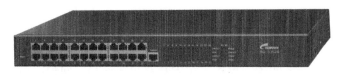

图1-7　通信设备——交换机

● 网络通信协议（软件）

通信协议是指通信双方必须共同遵守的约定和通信规则，如 TCP/IP 协议、IEEE802 协议等。协议是通信双方关于通信如何进行所达成的约定，如用什么样的格式表达，如何组织和传输数据，如何校验和纠正信息传输中的错误等

在网络上通信的双方必须遵守相同的协议，才能正确交流信息。就像人们谈话要用同一种语言一样，如果谈话时使用不同的语言，就会造成相互听不懂，无法交流。在网络中，协议的实现由软件和硬件配合完成。

● 网络软件（软件）

网络软件是在网络环境下控制和管理网络工作的计算机软件。根据软件功能，计算机网络软件可分为网络系统软件和网络应用软件两大类。

网络系统软件是控制和管理网络运行、提供网络通信、分配和管理共享资源的网络软件，它包括网络操作系统、网络协议软件、通信控制软件和管理软件等。网络操作系统（Network Operating System，NOS）指对局域网范围内资源进行统一调度和管理的程序，它是计算机网络软件核心程序，是网络软件系统基础，如图1-8所示。

图1-8　网络操作系统软件

网络协议软件（如 TCP/IP 协议软件）是实现各种网络协议的软件。它是网络软件中最

重要的核心部分，任何网络软件都要通过协议软件才能发生作用。

网络应用软件是指为网络中的某一个应用目的而开发的软件系统（如远程教学软件、电子图书馆软件、Internet 信息服务软件等），网络应用软件为用户提供访问网络的手段、网络服务、资源共享和信息的传输。

1.3.4 网卡

1. 什么是网卡

网卡又称"网络适配器，（Network Interface Card，NIC）是局域网中最基本的部件之一，它是连接计算机与网络的硬件设备。无论是双绞线连接、同轴电缆连接还是光纤连接，都必须借助于网卡才能实现数据的通信。

网卡的主要工作原理是整理计算机上发往网线上的数据，并将数据分解为适当大小的数据包之后向网络上发送出去。对于网卡而言，每块网卡都有唯一的网络节点地址，它是网卡生产厂家在生产时植入 ROM（只读存储芯片）中的，我们把它称为 MAC 地址（物理地址），且保证绝对不会重复。

我们日常使用的网卡都是以太网网卡。目前，网卡按其传输速度来分可分为 10M 网卡、10/100M 自适应网卡及千兆（1000M）网卡。如果只是作为一般用途，如日常办公等，比较适合使用 10M 网卡和 10/100M 自适应网卡两种。如果应用于服务器等产品领域，就要选择千兆级的网卡。

2. 网卡地址

MAC（Media Access Control，介质访问控制）地址是识别 LAN（局域网）节点的标识。网卡的物理地址通常是由网卡生产厂家烧入网卡的 EPROM（一种闪存芯片，通常可以通过程序擦写），它存储的是传输数据时真正赖以标识发出数据的计算机和接收数据的主机的地址。

也就是说，在网络底层的物理传输过程中，是通过物理地址来识别主机的，它一般也是全球唯一的。例如，著名的以太网卡，其物理地址是 48bit（比特位）的整数，如 44-45-53-54-00-00，以机器可读的方式存入主机接口中。以太网地址管理机构（IEEE）将以太网地址，也就是 48 比特的不同组合，分为若干独立的连续地址组，生产以太网网卡的厂家就购买其中一组，具体生产时，逐个将唯一地址赋予以太网卡。

形象地说，MAC 地址就如同我们身份证上的身份证号码，具有全球唯一性。

如何获取本机的 MAC？

在 Windows 2003/XP 中，依次单击"开始"→"运行"→输入"CMD"→回车→输入"ipconfig /all"→回车，即可看到 MAC 地址。

3. 网卡的分类

1）按总线接口类型分

按网卡的总线接口类型来分一般可分为 ISA 接口网卡、PCI 接口网卡，以及在服务器上使用的 PCI-X 总线接口类型的网卡，笔记本计算机所使用的网卡是 PCMCIA 接口类型的。

（1）ISA 总线网卡；

（2）PCI 总线网卡；

（3）PCI-X 总线网卡；

（4）PCMCIA 总线网卡；

（5）USB 总线接口网卡。

2）按网络接口划分

除了可以按网卡的总线接口类型划分外，我们还可以按网卡的网络接口类型来划分。网卡最终是要与网络进行连接，所以，也就必须有一个接口使网线通过它与其他计算机网络设备连接起来。不同的网络接口适用于不同的网络类型，目前，常见的接口主要有以太网的 RJ-45 接口、细同轴电缆的 BNC 接口和粗同轴电缆的 AUI 接口、FDDI 接口、ATM 接口等。而且有的网卡为了适用于更广泛的应用环境，提供了两种或多种类型的接口，如有的网卡会同时提供 RJ-45、BNC 接口或 AUI 接口。

（1）RJ-45 接口网卡；

（2）BNC 接口网卡；

（3）AUI 接口网卡；

（4）FDDI 接口网卡；

（5）ATM 接口网卡。

3）按带宽划分

随着网络技术的发展，网络带宽也在不断提高，但是不同带宽的网卡所应用的环境也有所不同，目前，主流的网卡主要有 10Mbps 网卡、100Mbps 以太网卡、10Mbps/100Mbps 自适应网卡、1000Mbps 千兆以太网卡四种。

（1）10Mbps 网卡；

（2）100Mbps 网卡；

（3）10Mbps/100Mbps 网卡；

（4）1000Mbps 以太网卡。

4）按网卡应用领域来分

如果根据网卡所应用的计算机类型来分，我们可以将网卡分为应用于工作站的网卡和应用于服务器的网卡。前面所介绍的基本上都是工作站网卡，其实通常也应用于普通的服务器上。但是在大型网络中，服务器通常采用专门的网卡。它相对于工作站所用的普通网卡来说在带宽（通常在 100Mbps 以上，主流的服务器网卡都为 64 位千兆网卡）、接口数量、稳定性、纠错等方面都有比较明显的提高。有的服务器网卡支持冗余备份、热拔插等服务器专用功能。

4．设置网卡 IP 地址

（1）在桌面上双击网上邻居（或者直接单击网上邻居弹出右键菜单，然后选择属性，这样的话跳过第二步）如图 1-9 所示。

（2）进入网上邻居后，选择查看网络连接，如图 1-10 所示。

（3）进入网络连接面板，可以看到本地链接（如果没有可以新建一个，这里可以去查看我的另一个经验）如图 1-11 所示。

图 1-9　双击网上邻居

图 1-10　查看网络连接

图 1-11　找到本地连接

（4）然后选择单击，弹出菜单，单击"属性"选项，如图 1-12 所示。

（5）进入属性面板，可以看到有一个 Internet 协议，选择然后单击"属性"按钮进入，如图 1-13 所示。

图 1-12　右击本地连接

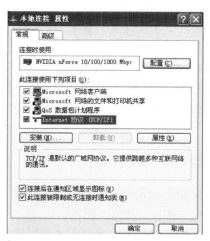

图 1-13　选择 Internet 协议（TCP/IP）单击"属性"按钮

（6）进入 Internet 协议属性面板，在这里可以设置 IP，可以根据自己的要求自己亲手填写 IP 或者让系统自动获取，如图 1-14 和图 1-15 所示。

图 1-14 手动设置 IP   图 1-15 自动获取 IP

（7）选择自己的方法完成后，单击"确定"按钮即可。

5. 查看 IP 地址命令

1）查看 IP 地址命令 ipconfig 的参数

● /all

显示所有适配器的完整 TCP/IP 配置信息。在没有该参数的情况下 ipconfig 只显示 IP 地址、子网掩码和各个适配器的默认网关值。适配器可以代表物理接口（如安装的网络适配器）或逻辑接口（如拨号连接）。

● /renew [adapter]

更新所有适配器（如果未指定适配器），或特定适配器（如果包含了 Adapter 参数）的 DHCP 配置。该参数仅在具有配置为自动获取 IP 地址的网卡的计算机上可用。要指定适配器名称，请键入使用不带参数的 ipconfig 命令显示的适配器名称。

● /release [adapter]

发送 DHCPRELEASE 消息到 DHCP 服务器，以释放所有适配器（如果未指定适配器）或特定适配器（如果包含了 Adapter 参数）的当前 DHCP 配置并丢弃 IP 地址配置。该参数可以禁用配置为自动获取 IP 地址的适配器的 TCP/IP。要指定适配器名称，请键入使用不带参数的 ipconfig 命令显示的适配器名称。

● /flushdns

清理并重设 DNS 客户解析器缓存的内容。如有必要，在 DNS 疑难解答期间，可以使用本过程从缓存中丢弃否定性缓存记录和任何其他动态添加的记录。

● /displaydns

显示 DNS 客户解析器缓存的内容，包括从本地主机文件预装载的记录及由计算机解析的名称查询而最近获得的任何资源记录。DNS 客户服务在查询配置的 DNS 服务器之前使用这些信息快速解析被频繁查询的名称。

● /registerdns

初始化计算机上配置的 DNS 名称和 IP 地址的手工动态注册。可以使用该参数对失败的 DNS 名称注册进行疑难解答或解决客户和 DNS 服务器之间的动态更新问题，而不必重新启动客户计算机。TCP/IP 协议高级属性中的 DNS 设置可以确定 DNS 中注册了哪些名称。

● /showclassid adapter

显示指定适配器的 DHCP 类别 ID。要查看所有适配器的 DHCP 类别 ID，可以使用星号（*）通配符代替 Adapter。该参数仅在具有配置为自动获取 IP 地址的网卡的计算机上可用。

● /setclassid Adapter [ClassID]

配置特定适配器的 DHCP 类别 ID。要设置所有适配器的 DHCP 类别 ID，可以使用星号（*）通配符代替 Adapter。该参数仅在具有配置为自动获取 IP 地址的网卡的计算机上可用。如果未指定 DHCP 类别 ID，则会删除当前类别 ID。

● /?

在命令提示符显示帮助。

2）范例

要显示所有适配器的基本 TCP/IP 配置，请键入：

ipconfig

要显示所有适配器的完整 TCP/IP 配置，请键入：

ipconfig/all

仅更新"本地连接"适配器的由 DHCP 分配 IP 地址的配置，请键入：

ipconfig/renew "Local Area Connection"

要在排除 DNS 的名称解析故障期间清理 DNS 解析器缓存，请键入：

ipconfig/flushdns

要显示名称以 Local 开头的所有适配器的 DHCP 类别 ID，请键入：

ipconfig/showclassid Local*

要将"本地连接"适配器的 DHCP 类别 ID 设置为 TEST，请键入：

ipconfig/setclassid "Local Area Connection" TEST

6. 测试网络中计算机连通性命令 ping

PING（Packet Internet Groper），因特网包探索器，用于测试网络连接量的程序。ping 发送一个 ICMP（Internet Control Messages Protocol）即因特网信报控制协议；回声请求消息给目的地并报告是否收到所希望的 ICMP 回声应答，如图 1-16 所示。

它是用来检查网络是否通畅或者网络连接速度的命令。作为一个生活在网络上的管理员或者黑客来说，ping 命令是第一个必须掌握的 DOS 命令，它所利用的原理是这样的：利用网络上机器 IP 地址的唯一性，给目标 IP 地址发送一个数据包，再要求对方返回一个同样大小的数据包来确定两台网络机器是否连接相通，时延是多少。

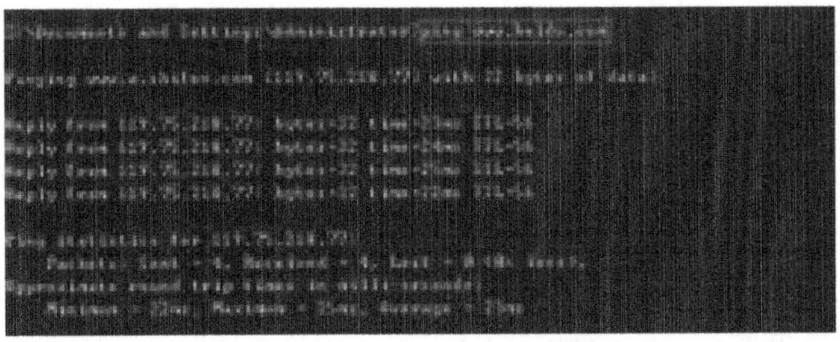

图 1-16　PING 命令的信息反馈

ping 指的是端对端连通，通常用来作为可用性的检查，但是某些病毒木马会强行大量远程执行 ping 命令抢占你的网络资源，导致系统变慢，网速变慢。严禁 ping 入侵作为大多数防火墙的一个基本功能提供给用户进行选择。通常的情况下如果不用作服务器或者进行网络测试，可以放心的选中它，保护你的计算机。

举例说明：

ping 就是对一个网址发送测试数据包，看对方网址是否有响应并统计响应时间，以此测试网络。

具体方式是，开始—运行—cmd，在调出的 dos 窗口下输入 ping 空格+要 ping 的网址，回车。

如"pingXXX 网址"之后屏幕会显示类似信息：

Pinging XXX 网址[61.135.169.105] with 32 bytes of data:

Reply from 61.135.169.105: bytes=32 time=1244ms TTL=46

Reply from 61.135.169.105: bytes=32 time=1150ms TTL=46

Reply from 61.135.169.105: bytes=32 time=960ms TTL=46

Reply from 61.135.169.105: bytes=32 time=1091ms TTL=46

后面的 time=1244ms 是响应时间，这个时间越小，说明连接这个地址速度越快。

1.3.5　管理和使用共享资源

1. 共享和共享文件夹

（1）共享：指定资源共享后，才能够使其他用户从网络上访问到它。因此，网络中的资源只有先共享后，才能为其他用户使用。

（2）共享文件夹：通常指网络上其他用户可以远程访问的、非本计算机上的文件夹。

（3）权限：用来控制资源的访问对象及访问的权限方式。对象的所有者可以分配对象的权限。

（4）共享资源：是指可以由多个其他设备或程序使用的任何设备、数据或程序。对于 Windows 来说，共享资源是指所有可用于网络用户访问的资源，共享资源也可以专指服务器上网络用户可以使用的资源。

2. 共享资源的类型

在网络中，共享资源共有 3 种类型，即特殊共享资源、隐藏共享资源及显示共享资源。

1）特殊共享资源

特殊共享资源又称"管理共享"，它们不是由管理员建立的，而是操作系统根据计算机的配置自动创建的。特殊共享资源通常用于管理或者由操作系统调用。

在网上邻居中，这些特殊共享资源是不可见的。

2）自定义的隐藏共享

当打算隐藏自己的共享资源时，可以在设置的共享资源名后面加上$。在使用隐藏共享时，应当注意"$"是共享名的一部分。隐藏共享文件夹被系统认作特殊的共享资源，这种共享资源在"网上邻居"中浏览计算机的共享文件夹时是不可见的。

3）自定义的显式共享

自定义的显式共享是指用户开放的本地共享资源。用户通过"网上邻居"可以浏览到显式共享资源。

3. 开放共享资源

1）开放共享

（1）工具：开放共享资源，可以使用本机的"计算机管理"或"创建共享文件夹"进行设置。

（2）设置内容：共享名、访问者和访问权限的控制等几项基本内容。

（3）开放共享资源的操作：包括"共享"和"安全"两项。

2）使用共享资源的方法

使用网络共享资源：开放共享资源后，其他计算机上的用户就可以通过网络使用已共享的资源。

（1）直接使用。

通过"网上邻居"可以浏览到共享资源。适应场合：只适合未隐藏的显式共享资源。

（2）UNC 路径方式。

UNC 的定义格式：\\ 计算机名或 IP 地址 \ 共享名。适应场合：所有共享资源。用户可以在"我的计算机"右键中"映射网络驱动器"对话框、"运行"对话框、"地址栏"中使用。

（3）映射网络驱动器的方法。

适应场合：所有共享资源。

1.4 实操训练

1.4.1 实训任务一 双绞线的制作

【任务描述】

制作一条双绞线实现家里台式计算机与笔记本计算机之间的连接从而实现资源共享。

【知识准备】

1. 双绞线的结构特点及传输特性

双绞线是由两根绝缘的铜质导线，呈螺旋状双扭在一起（为了抗干扰，扭得越紧抗干扰能力越强）形成一个双绞线对，多个线对封装在一个橡胶套里构成双绞线电缆。

计算机机网络中应用的双绞线一般为 4 个线对封装在一个绝缘套里，由 8 根相互绝缘的导线组成，铜质线芯的直径大约 0.5 mm 左右，彩色绝缘层颜色相近（橙—白橙、蓝—白蓝、绿—白绿、棕—白棕）的线对扭在一起形成线对，最外层为灰色的橡胶保护层。

计算机网络中用双绞线做传输介质时，一个网段的最大传输距离为 100m，传输带宽目前主要有 10Mbps、100Mbps、1Gbps 三种，由于双绞线的成本较低，且制作方法简单，非常适合现在最广泛的局域网——以太网的需要，所以能根据使用环境制作合格的双绞线是组建网络最基本的能力。

2. 双绞线制作标准

EIA/TIA 布线标准中规定了两种双绞线的线序 568A 与 568 B。双绞线布线标准如图 1-17 所示。

● 568A 标准：

绿白—1，绿—2，橙白—3，蓝—4，蓝白—5，橙—6，棕白—7，棕—8。

● 568 B 标准：

橙白—1，橙—2，绿白—3，蓝—4，蓝白—5，绿—6，棕白—7，棕—8。

（"橙白"是指浅橙色，或者白线上有橙色的色点或色条的线缆，绿白、棕白、蓝白亦同）。

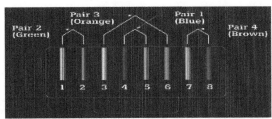

（a）EIA/TIA-568A的标准线序

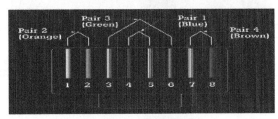

（a）EIA/TIA-568B的标准线序

图 1-17 双绞线布线标准

3. 直通线和交叉线

一根网线二端采用相同的线序，如都是 568B 或 568A 线序制作的网线称为直通线。

一根网线二端分别采用 568A 和 568B 线序制作的网线称为交叉线。

直通线用于连接：

① 主机和交换机或集线器；

② 路由器和交换机或集线器。

交叉线用于连接：

（1）交换机和交换机；

（2）集线器和集线器；

（3）交换机和集线器；

（4）主机和主机；

（5）主机和路由器。

1←→1	1←→3
2←→2	2←→6
3←→3	3←→1
4←→4	4←→4
5←→5	5←→5
6←→6	6←→2
7←→7	7←→7
8←→8	8←→8
直通线	交叉线

在实践中，一般可以这么理解：同种类型设备之间使用交叉线连接，不同类型设备之间使用直通线连接。

4．工具使用方法

1）RJ-45 水晶头的结构

水晶头结构如图 1-18 所示。RJ-45 连接头引脚的定义如表 1-1 所示。

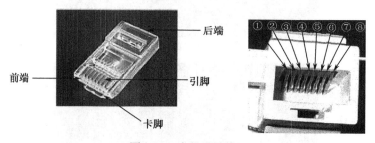

图 1-18　水晶头结构

表 1-1　RJ-45 连接头引脚的定义

引　脚　位	功　　用	简　　称
1	传输数据正极	Tx+
2	传输数据负极	Tx-
3	接收数据正极	Rx+

续表

引 脚 位	功 用	简 称
4	未使用	
5	未使用	
6	接收数据负极	Rx-
7	未使用	
8	未使用	

2）剥线/压线钳的功能

（1）剪线：剪下所需要的双绞线长度。

（2）剥线：将双绞线的外皮除去 2～3cm。

（3）压线：将 RJ-45 的插头放入压线钳的压头槽内压实。

3）网线测试仪及使用方法

（1）专用网线测试仪。

专用网线测试仪不仅能测试网络的连通性、接线的正误、验证网线是否符合标准，而且对网线传输质量也有一定的测试能力，如识别墙中网线，监测网络流量，自动识别网络设备，识别外部噪声干扰及测试绝缘等。

（2）普通网线测试仪。

普通网线测试仪使用非常简单，只要将已制作完成的双绞线或同轴电缆的两端分别插入水晶头插座，然后打开电源开关，观察对应的指示灯是否为绿灯，如果依次闪亮绿灯，表明各线对已连通，否则可以判断没有接通。

【任务目标】

按组网需要制作一条双绞线。

【设备清单】

RJ-45 水晶头（若干）、双绞线（若干）、双绞线专用剥线/压线钳（一把）、连通性测试仪（一个）。

1.4.2　实训任务二　组建双机互联网络

【任务描述】

前些年王先生家购买了一台台式机，满足了家庭使用计算机和网络的应用需求。最近由于单位工作繁忙，王先生经常需要加班，因此，不得不把单位的笔记本计算机带回家工作。由于有很多工作中的资料在家中台式机器上，需要使用 U 盘来回复制，非常麻烦，因此，希望能把两台计算机连接起来，组建一个小的网络环境，共享两台机器中的资源。

【知识准备】

组建对等网专业知识：

对等型网络一般适用于家庭或小型办公室中的几台或十几台计算机的互联，不需要太多的公共资源，只需简单的实现几台计算机之间的资源共享即可。在组建对等型网络时，用户可选择总线型网络结构或星型网络结构，若要进行互联的计算机在同一个房间内，可选择总线型网络结构；若要进行互联的计算机不在同一个区域内，分布较为复杂，可采用星型网络结构，通过集线器（HUB）实现互联。在对等式网络结构中，没有专用服务器。每一台计算机既可以起客户机作用也可以起服务器作用。

【网络拓扑】

图 1-19　组建家庭对等网络场景

如图 1-19 所示的网络拓扑是王先生组建家庭对等网络场景。

【任务目标】

王先生希望组建家庭对等网络，实现家用两台计算机之间通信。

【设备清单】

计算机（2 台）、双绞线（若干）。

1.4.3　实训任务三　共享网络中的资源

【任务描述】

前些年王先生家购买了一台台式机，满足了家庭使用计算机和网络的应用需求。最近由于单位工作繁忙，王先生经常需要加班，因此，不得不把单位的笔记本计算机带回家工作。由于有很多工作中的资料在家中台式机器上，需要使用 U 盘来回复制，非常麻烦，因此，希望能把两台计算机连接起来，组建一个小的网络环境，共享两台机器中的资源。

【知识准备】

对等型网络的资源共享方式较为简单，网络中的每个用户都可以设置自己的共享资源，并可以访问网络中其他用户的共享资源。网络中的共享资源分布较为平均，每个用户都可以设置并管理自己计算机上的共享资源，并可随意进行增加或删除。

用户还可以为每个共享资源设置只读或完全控制属性，以控制其他用户对该共享资源的访问权限。若用户对某一共享资源设置了只读属性，则该共享资源将无法进行编辑修改；若设置了完全控制属性，则访问该共享资源的用户可对其进行编辑修改等操作。

【任务目标】

设备对等网络中共享磁盘盒文件夹，共享网络中资源。

【设备清单】

计算机（两台）、双绞线（若干根）。

1.5　岗位模拟

随着计算机的普及，现在的家庭拥有一台计算机已经不是很稀奇的事了，有些家庭已经拥有了两台甚至两台以上的计算机，由于工作或娱乐的需要，两台计算机之间要频繁传输数据，请你为该需求设计一解决方案并实施。

1.6 巩固提高

（1）在局域网运行平台上，若要让计算机室的机器能够互相全部连通起来，IP 地址和子网掩码的最为简单的设置方法应该是怎样的？

（2）若要使 IP 地址：192.168.1.0～192.168.1.15 的机器成为一个独立的子网络，应该怎样进行子网划分？

组建部门办公网络

2.1 岗位任务

为了提高办公效率且节约资源，学校要实现无纸化办公，各部门配备了二层交换机（或集线器），请为各部门组建一个以资源共享为目的的 SOHO 型网络。

2.2 教学目标

（1）熟练二层交换机的设置操作。
（2）掌握 VLAN 的划分及设置方法。
（3）掌握干道技术实现跨交换机的同 VLAN 间通信。
（4）掌握网络打印机的安装与配置方法。
（5）掌握搭建虚拟网络环境的方法。
（6）掌握工作组网络的特点及组建方法。
（7）掌握创建和管理本地用户和组的方法与技巧。

2.3 知识背景

2.3.1 计算机网络的分类

在网络应用范围越来越广泛的今天，各种各样的网络越来越多。按照计算机网络的地理覆盖范围，可分为局域网、城域网和广域网。

1. 局域网（Local Area Network，LAN）

局域网地理范围在 10km 以内，属于一个部门、一个单位或一个组织所有。例如，一个企业、一所学校、一幢大楼、一间实验室等。这种网络往往不对外提供公共服务，管理方便，安全保密性好。局域网组建方便，投资少，见效快，使用灵活，是计算机网络中发展最快、应用最普遍的计算机网络。与广域网相比，局域网传输速率快，通常在 100Mbps 以上；误码率低，通常在 $10^{-11}\sim10^{-8}$ 之间。典型局域网示意图如图 2-1 所示。

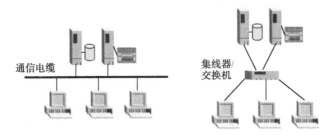

图 2-1　典型局域网示意图

2. 城域网（Metropolitan Area Network，MAN）

城域网介于局域网与广域网之间，地理范围从几十千米到上百千米，覆盖一座城市或一个地区。

3. 广域网（Wide Area Network，WAN）

广域网地理范围在几十千米到几万千米，小到一个城市、一个地区，大到一个国家、几个国家、全世界。因特网就是典型的广域网，提供大范围的公共服务。与局域网相比，广域网投资大，安全保密性能差，传输速率慢，通常为 64Kbps、2Mbps、10Mbps，误码率较高：大约在 $10^{-7}\sim10^{-6}$ 之间。

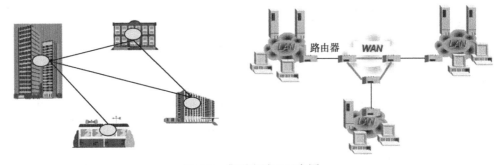

图 2-2　典型广域网示意图

在计算机网络的体系结构和国际标准中，专门有针对城域网的内容，作为分类需要提出来。但城域网没有自己突出的特点。后面介绍计算机网络时，将只讨论局域网和广域网，不再讨论城域网。从这个意义上说，也可以把网络划分为局域网和广域网两大类。局域网、城域网和广域网的比较如表 2-1 所示。

表 2-1　常用网络技术参数比较

类型	覆盖范围	传输速率	误码率	计算机数目	传输介质	所有者
LAN	<10km	很高	$10^{-11}\sim10^{-8}$	$10\sim10^3$	双绞线、同轴电缆、光纤	专用
MAN	几百千米	高	$<10^{-9}$	$10^2\sim10^4$	光纤	公/专用
WAN	很广	低	$10^{-7}\sim10^{-6}$	极多	公共传输网	公用

任何事物的分类都涉及分类标准，采取不同的分类标准就有不同的分类结果，对计算机网络分类也是如此，图 2-3 是一些常见计算机网络分类方案，当然分类标准还有很多，在这里不再阐述。

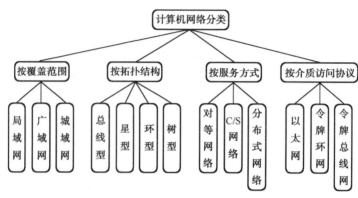

图 2-3　常见计算机网络分类方案

2.3.2　局域网技术

1. 局域网系统组成

一个完整的局域网系统由硬件系统和软件系统组成，互相协作，完成网络内部的共享、通信和管理工作。

1）局域网硬件系统

● 网卡

网卡又称网络适配器（NTC），插在计算机主板扩展槽中，是计算机与局域网连接接口，实现资源共享和通信，如图 2-4 所示。网卡上有连接网线的 RJ-45 插口，与双绞线头相连，实现数据转换和电信号匹配。目前，许多计算机主板上集成有网卡，不独立设插卡。常见网卡分类主要从速度上分，分为 100Mbps 和 1000Mbps 网卡类型。

● 双绞线

双绞线是局域网通信中最常用传输介质，如图 2-5 所示。目前，应用最广泛的五类非屏蔽双绞线，它由 8 根相互绝缘的单芯铜线组成，8 根线分四对，每两根为一对，相互缠绕，四对线之间又相互缠绕，外边有绝缘层保护。一根双绞线最长使用距离不超过 100m。

图 2-4　网卡　　　　　　　　　　　　图 2-5　双绞线

● 集线器

集线器又称 Hub，是网络中心的意思，如图 2-6 所示。集线器把所有节点集中在以它为中心的节点上，采用广播的访问方式，对接收到的信号再生、整形、放大，以扩大网络传输距离。集线器工作在 OSI（开放系统互联参考模型）参考模型第一层，即"物理层"。集线器与网卡、网线等传输介质一样，属于局域网中的基础设备。

● 交换机

交换机又称交换式集线器，如图 2-7 所示。它是专门设计用来使局域网中的计算机能够相互高速通信并独享带宽的网络设备。目前交换机已经逐步取代了一般集线器。

图 2-6　集线器

图 2-7　交换机

● 服务器

服务器用于向用户提供各种网络服务，如图 2-8 所示。服务器安装了相应的应用软件，就可以提供相应的服务，如文件服务、Web 服务、FTP 服务、E-mail 服务、数据库服务、打印服务、流媒体服务等等。服务器的硬件配置都非常好，一般都有多个高速 CPU、多块大容量硬盘、数亿字节的内存等。

● 客户机

客户机是指在网络中享有服务，并用于完成某种工作和任务的计算机。通过客户端软件建立与服务器连接，并将用户请求传送到服务器，共享服务器提供各种的资源和服务。

图 2-8　服务器

2）局域网软件系统

如同计算机只有硬件而没有软件将既不能启动、也无法运行，更无法完成任何工作一样，没有局域网操作系统和网络协议的网络，也将无法实现网络中设备之间的彼此通信。

● 操作系统

局域网操作系统决定了计算机在局域网的作用和地位。服务器运行专用的网络操作系统如 Windows Server 2003 等。客户机操作系统可以是 Windows XP 等。

● 网络协议

协议用来协调不同的网络设备间的信息交换。网络协议能够建立起一套非常有效的机制，每个设备均可据此识别出其他设备传输来的有意义的信息。这好像交谈双方都使用同一种语言，并遵守相应语言规则，彼此之间才能够听得懂，实现沟通和交流一样。

不同网络系统中，使用不同的网络协议，就像不同国籍、不同民族使用不同的语言一样。常用的网络协议有 TCP/IP、NetBEUI、IPX/SPX 等。

2. 局域网体系结构

美国电子电器工程师协会 IEEE 组织，在 1980 年 2 月成立了局域网标准化委员会（简称

IEEE 802 委员会），专门从事局域网的协议制订，形成了一系列的局域网通信标准，称为 IEEE 802 标准。

- IEEE802.1：概述、体系结构和网络互连，以及网络管理和性能测试；
- IEEE802.2：逻辑链路扩展协议，定义 LLC 功能和服务；
- IEEE802.3：载波监听多路访问/冲突检测（CSMA/CD）控制方法，MAC 子层和物理层规范；
- IEEE802.4：令牌总线网的访问控制方法，以及 MAC 子层和物理层的规范；
- IEEE802.5：令牌网的访问控制方法，以及 MAC 子层和物理层的规范；
- IEEE802.6：城域网；
- IEEE802.7：宽带技术；
- IEEE802.8：光纤技术；
- IEEE802.9：综合语音与数据局域网 IVD LAN 技术；
- IEEE802.10：可互操作的局域网安全性规范 SILS；
- IEEE802.11：无线局域网技术；
- IEEE802.12：优先级高速局域网（100Mbps）；
- IEEE802.14：电缆电视（Cable-TV）。

IEEE 802 标准局域网参考模型与 OSI/RM 参考模型的对应关系如图 2-9 所示，该模型包括了 OSI/RM 模型最低两层（物理层和链路层）的功能，也包括网际互连的高层功能和管理功能。

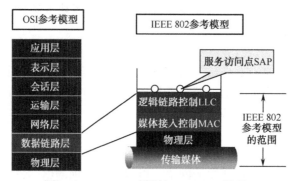

图 2-9　IEEE 802 模型与 OSI/RM 关系

3. 局域网组成要素

局域网具有连接范围窄、用户数少，建立和维护容易、数据传输质量好和连接速率高等特点。目前，最快的局域网是 10Gbit/s 以太网，在局域网中，决定局域网特性的主要技术要素是网络拓扑、传输介质和介质访问控制方法。

1）网络拓扑

拓扑结构是借用数学上的一个词汇，从英文 Topology 音译而来。拓扑学主要研究几何图形在连续变形下保持不变的性质。计算机网络的拓扑结构指表示网络传输介质和节点的连接形式，即线路构成的几何形状。

计算机网络的拓扑结构通常有 3 种，即总线型、环型和星型。应当说明的是，这 3 种形状指线路电气连接原理，即逻辑结构，实际铺设线路时可能与画的形状完全不同。常见的拓扑图形如图 2-10 所示。

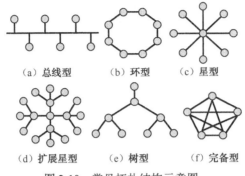

（a）总线型　　（b）环型　　（c）星型

（d）扩展星型　　（e）树型　　（f）完备型

图 2-10 常见拓扑结构示意图

（1）总线型。

总线型拓扑结构示意图如图 2-11 所示。

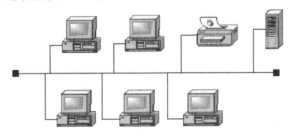

图 2-11 总线型拓扑结构示意图

由图 2-11 所示可以看出，该结构采用一条公共总线作为传输介质，每台计算机通过相应的硬件接口入网，信号沿总线进行广播式传送。最流行的以太网采用的就是总线型结构，以同轴电缆作为传输介质。

总线型的网络是一种典型的共享传输介质的网络。总线型局域网结构从信源发送的信息会传送到介质长度所及之处，并被其他所有站点看到。如果有两个以上的节点同时发送数据，就会造成冲突，就像公路上的车祸一样，如图 2-12 所示。

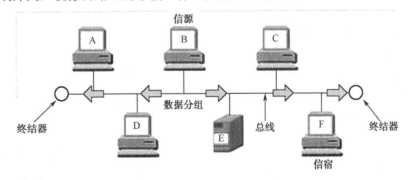

图 2-12 总线型拓扑结构数据传输示意图

● 总线型拓扑结构的主要优点如下：

① 布线容易。无论是连接几个建筑物或是楼内布线，都容易施工安装。

② 增删容易。如果需要向总线上增加或撤下一个网络站点，只需增加或拔掉一个硬件

接口即可实现。需要增加长度时，可通过中继器加上一个支段来延伸距离。

③ 节约线缆。只需要一根公共总线，两端的终结器就安装在两端的计算机接口上，线缆的使用量最省。

④ 可靠性高。由于总线采用无源介质，结构简单，十分可靠。

● 总线型拓扑结构的主要缺点如下：

① 任何两个站点之间传送数据都要经过总线，总线成为整个网络的瓶颈，当计算机站点多时，容易产生信息堵塞，传递不畅。

② 计算机接入总线的接口硬件发生故障，例如，拔掉粗缆上的收发器或细缆上的 T 形接头，会造成整个网络瘫痪。

③ 当网络发生故障时，故障诊断困难，故障隔离更困难。

总之，总线结构投资省，安装布线容易，可靠性较高，是最常见的网络结构。

图 2-13 环型拓扑结构示意图

（2）环型。

环型拓扑结构为一封闭的环，如图 2-13 所示。

连入环型网络的计算机也有一个硬件接口入网，这些接口首尾相连形成一条链路，信息传送也是广播式的，沿着一个方向（如逆时针方向）单向逐点传送。

● 环型拓扑结构的主要优点如下：

① 适用于光纤连接。环型是点到点连接，且沿一个方向单向传输，非常适合光纤作为传输介质。著名的 FDDI 网就采用双环拓扑结构。

② 传输距离远。环网采用令牌协议，网上信息碰撞（堵塞）少，即使不用光纤，传输距离也比其他拓扑结构远，适于作为主干网。

③ 故障诊断比较容易定位。

④ 初始安装容易，线缆用量少。环型实际也是一根总线，只是首尾封闭，对于一般建筑群，排列不会在一条直线上，二者传输距离差别不大。

● 环型拓扑结构的主要缺点如下：

① 可靠性差。除 FDDI 外，一般环网都是单环，网络上任何一台计算机的入网接口发生故障都会迫使全网瘫痪。FDDI 采用双环后，遇到故障有重构功能，虽然提高了可靠性，但付出的代价却很大。

② 网络的管理比较复杂，投资费用较高。

③ 重新配置困难。当环网需要调整结构时，如增、删、改某一个站点，一般需要将全网停下来进行重新配置，可扩性、灵活性差，造成维护困难。

（3）星型。

星型拓扑结构示意图如图 2-14 所示。

由图 2-14 可以看出，星型结构由一台中央节点和周围的从节点组成。中央节点可与从节点直接通信，而从节点之间必须经过中央节点转接才能通信。

中央节点有两类：一类是一台功能很强的计算机，它既是一台信息处理的独立计算机，又是一台信息转接中心，早期的

图 2-14 星型拓扑结构示意图

计算机网络多采用这种类型；另一类中央节点并不是一台计算机，而是一台网络转接或交换设备，如交换机（Switch）或集线器（Hub），近期的星型网络拓扑结构都是采用这种类型，由一台计算机作为中央节点已经很少采用了。一个比较大的网络往往采用几个星型组合成扩展星型的网络。

● 星型拓扑结构的主要优点如下：

① 可靠性高。对于整个网络来说，每台计算机及其接口的故障不会影响其他计算机，不会影响网络，也不会发生全网的瘫痪。

② 故障检测和隔离容易，网络容易管理和维护。

③ 可扩性好，配置灵活。增、删、改一个站点容易实现，与其他节点没有关系。

④ 传输速率高。每个节点独占一条传输线路，消除了数据传送堵塞现象。而总线型、环型的数据传送瓶颈都是在线路上。

● 星型拓扑结构的主要缺点如下：

① 线缆使用量大。

② 布线、安装工作量大。线缆管道粗细不匀，大厦楼内布线管道设计、施工比较困难。

③ 网络可靠性依赖于中央节点，若交换机或集线器设备选择不当，一旦出现故障就会造成全网瘫痪。通常交换机、集线器这类设备结构很简单，不会出现故障。

实际的网络拓扑结构，可能是总线型、环型、星型；也可能是这 3 种结构的组合，如总线型加星型，星型加星型，环型加总线型，环型加星型等，如图 2-15 所示。

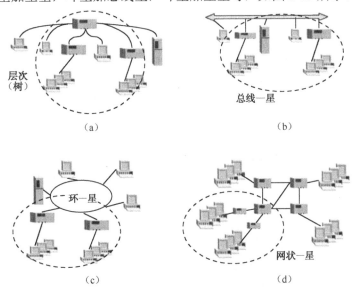

图 2-15 实际网络拓扑结构示意图

2）传输介质

网络传输介质是从一台网络设备（如计算机）连接到另一台网络设备的传递介质，如双绞线、同轴电缆、光纤、无线电等。网络传输介质是网络的基本构件，在日常的局域网中，使用最多的网络传输介质如下。

（1）双绞线。

双绞线传输介质分为屏蔽（Shielded Twisted Pair，STP）和非屏蔽（Unshielded Twisted

Pair，UTP）两种。屏蔽就是指网线内部信号线外面包裹着一层金属网，在屏蔽层外面是绝缘外皮，屏蔽层可以有效地隔离外界电磁信号的干扰。

UTP 是目前局域网中使用频率最高的网线，这种网线在塑料绝缘外皮里面包裹着 8 根信号线，每两根为一对相互缠绕，总共四对，双绞线也因此得名。双绞线互相缠绕的目的是利用铜线中电流产生电磁场互相作用，抵消邻近线路的干扰，并减少来自外界的干扰。每对线在每英寸长度上相互缠绕的次数，决定了抗干扰能力和通信的质量，缠绕得越紧密其通信质量越高，就可以支持更高的网络数据传送速率，当然它的成本也就越高，如图 2-16 所示。

（2）同轴电缆。

同轴电缆是指有两个同心导体，而导体和屏蔽层又共用同一轴心的电缆。它是计算机网络中使用广泛的另一种线材。由于它在主线外包裹绝缘材料，在绝缘材料外面又有一层网状编织屏蔽金属网线，所以能很好阻隔外界电磁干扰，提高通信质量，如图 2-17 所示。

图 2-16 UTP 双绞线

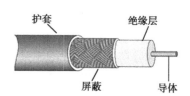

图 2-17 同轴电缆结构组成

同轴电缆的优点是在相对长、无中继器的线路上，支持高带宽通信，而其缺点也是显而易见：一是体积大，细缆直径有 3/8 英寸粗，要占用电缆管道大量空间；二是不能承受缠结、压力和严重弯曲，这些都会损坏电缆结构，阻止信号传输。由于传输成本高，在现在的局域网环境中，基本已被基于双绞线的以太网所取代。

（3）光纤。

图 2-18 光纤结构组成

光纤是以光脉冲形式来传输信号，材质以玻璃或有机玻璃为主。它由纤维芯、包层和保护套组成，如图 2-18 所示。光纤的中心为一根由玻璃或透明塑料制成的光导纤维，周围包裹着保护材料，根据需要还可以多根光纤并合在一根光缆里面。根据光信号发生方式的不同，光纤可分为单模光纤和多模光纤。

光纤最大的特点就是传导的是光信号，光信号不受外界电磁信号干扰，信号衰减速度慢，所以，信号传输距离比传送电信号的各种网线要远得多，并且特别适用于电磁环境恶劣的地方。由于光纤光学反射特性，一根光纤内部可以同时传送多路信号，并且传输速度非常高，理论上光纤网络最高可达到 50000Gbps 速度。目前 1Gbps、1000Mbps 光纤网络已经成为主流高速网络。

光纤网络由于需要把光信号转变为计算机电信号，因此，在接头上更加复杂，除了具有连接光导纤维的多种类型接头，如 SMa、SC、ST、FC 光纤接头外，还需要专用光纤转发器等设备，负责把光信号转变为计算机电信号，并且把光信号继续向其他网络设备发送。

光纤是前景非常看好的网络传输介质，但目前由于价格昂贵，因此，中小型办公局域网没有必要选它。目前，光纤的主要应用是在大型局域网中用作主干线路。但随着成本的降低，在不远的未来，光纤到楼、到户，甚至会延伸到桌面，带来全新的高速体验。

3）介质访问控制方法

介质访问控制方法也就是信道访问控制方法，可以简单地把它理解为如何控制网络上计算机何时能够发送数据？如何传输？网络上计算机如何从介质上接收数据等

IEEE802 标准规定局域网中常用介质访问控制方法：IEEE802 载波监听多路访问/冲突检测（CSMA/CD）、IEEE802.5 令牌环（Token Ring）、IEEE802.4 令牌总线（Token Bus）。

采用 IEEE802 载波监听多路访问/冲突检测（CSMA/CD）介质访问控制方法的以太网技术是当前一种主流的局域网组建技术。以太网的基本特征是采用共享访问方案，即多台计算机都连接在一条公共总线上，所有的计算机都不断向总线上发出监听信号，但在同一时刻只能有一台计算机在总线上传输，而其他计算机必须等待其传输结束后再开始自己的传输。把这种以太网通信机制称为带有冲突监测的载波侦听多址访问 CSMA/CD 技术。在 CSMA/CD 方式下，在一个时间段只有一个节点能够在导线上传送数据。如果其他节点想传送数据，必须等到正在传输的节点的数据传送结束后才能开始传输数据。以太网之所以称为共享介质，就是因为节点共享同一根导线这一事实。

2.3.3 交换机基础知识

局域网中使用的交换机是一种二层网络互联设备，交换机又称交换式集线器，它通过对信息进行重新生成，并经过内部处理后转发至指定端口，具备自动寻址能力和交换功能，如图 2-19 所示。由于交换机根据所传递信息包的目的地址，将信息包从源端口送至目的端口，避免和其他端口碰撞，因此，交换机可以同时互不影响地传送这些信息包，并防止传输碰撞，提高了网络的实际吞吐量。

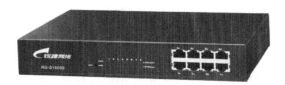

图 2-19 交换机

1．交换机工作原理

以太网中的交换机能改善传统的以太网，提供网络的传输效率，实现地址的学习、帧的转发及过滤、环路避免等功能。交换机能够学习到所有连接到其端口的设备的 MAC 地址，交换机内有一张 MAC 地址表，里面存放着所有连接到端口上设备的 MAC 地址，及其相应端口号的映射关系。

当交换机被初始化时，其 MAC 地址表是空的，此时如果有数据帧到来，交换机就向除了源端口之外的所有端口转发，并把源端口和相连接网络的地址记录在地址表中。以后每收到一个信息都查看地址表，有记录的信息就按照地址表中对应的信息转发，没有记录，就把信息转发给除自己之外的所有端口，并记录下端口和网卡地址的对应信息。直到连接到交换机的所有计算机都发送过数据之后，交换机 MAC 地址表最终建立完整，如表 2-2 所示。

表 2-2　交换机的 MAC 地址表

设　　备	端　　口	MAC
PC1	Fa3	01-11-5A-00-43-7E
PC2	Fa15	01-11-51-00-78-AD
PC3	Fa21	01-11-51-00-ED-4F
...	...	...

当一个帧到达交换机后，交换机通过查找 MAC 地址表来决定如何转发数据帧。如果目的 MAC 地址存在，则将数据帧向其对应的端口转发。如果在表中找不到目的地址的相应项，则将数据帧向所有端口（除了源端口）转发，如图 2-20 所示。

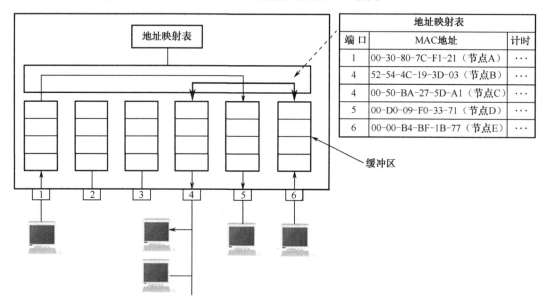

图 2-20　交换机地址学习和转发

当网络的范围不断扩展，出现多台交换机互相连接时候，经常把交换机之间互相连接形成一个交换链路环，以保持网络的冗余性和稳定性，一台交换机出现问题，链路不会中断。但互相连接形成环路之间会产生广播风暴、多帧复制和 MAC 地址表不稳定等现象，严重影响网络正常运行，如图 2-21 所示。因此，以太网交换机大都通过使用生成树 STP（Spaning Tree Protocol）协议，来管理局域网内这种环路，避免帧在网络中不断兜圈子现象发生。

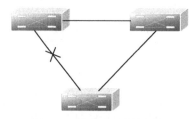

图 2-21　交换机环路避免

2. 认识以太网交换机设备

以太网交换机就是一台特殊的计算机，和计算机一样由硬件系统和软件系统组成。虽然不同交换机产品有不同硬件构成，但组成交换机基本硬件一般都包括 CPU（处理器）、RAM（随机存储器）、ROM（只读存储器）、Flash（可读/写存储器）、Interface（接口）等基本设备。

1）交换机的接口组成

● RJ-45 接口

这是见得最多、应用最广的一种接口类型，属于以太网接口类型。不仅在最基本10Base-T 以太网中使用，在目前主流 100Base-TX 快速以太网和 1000Base-TX 千兆以太网中也使用，如图 2-22 所示，所使用的传输介质都是双绞线类型。

● 光纤接口

光纤传输介质虽然早在 100Base 时代就已开始采用，由于当时百兆速率优势并不明显，况且价格比双绞线高许多，所以在 100Mbps 时代并没有得到广泛应用。

从 1000Base 技术标准正式实施以来，光纤技术得以全面应用，目前各种光纤接口也是层出不穷，一般都是通过模块形式出现。不过在局域网交换机中，光纤接口主要是 SC 类型，SC 接口外观与 RJ-45 接口非常类似，只不过 SC 接口更扁些，缺口浅些，如图 2-23 所示。

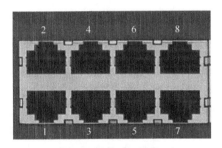

图 2-22　RJ-45 接口

图 2-23　SC 光纤接口

● Console 端口

可管理交换机上一般都有一个 Console 端口，专门用于对交换机进行配置和管理的接口。通过 Console 端口和 PC 连接，通过 PC 配置管理交换机。Console 端口的类型绝大多数都采用 RJ-45 端口，如图 2-24 所示，但也有串行 Console 端口，如图 2-25 所示。它们都需要通过专门 Console 线连接至配置的计算机的串行口上，使 PC 成为其仿真终端。

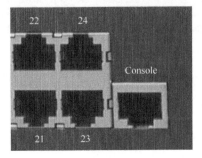

图 2-24　Console 端口

图 2-25　Console 端口

2）配置交换机线缆

交换机的控制台端口与计算机的串口之间可使用一根 9 芯串口线进行连接。通过计算机中的超级终端程序就可以对交换机进行配置和管理的操作。

Console 线也分为两种：一种是串行线，即两端均为串行接口，如图 2-26 所示，两端可以分别插入至计算机的 9 芯串口和交换机的 Console 端口；另一种是两端均为 RJ-45 接头（RJ-45-to-RJ-45）的扁平线。由于扁平线两端均为 RJ-45 接口，无法直接与计算机串口进行连接，因此，还必须同时使用一个如图 2-27 所示的 RJ-45-to-DB-9 适配器。

图 2-26　配置连接线缆

图 2-27　RJ-45-to-DB-9 适配器

3. 配置交换机

交换机是局域网最重要的连通设备，和集线器连接的网络不一样，交换机所连接的网络更具有智能型，网络也更具有可管理性。可以管理配置局域网中的交换机设备，使局域网更具有管理性和控制性。实际上局域网的管理大多涉及的是交换机的管理。

按是否可网管，交换机分为可网管交换机和不可网管交换机。不可网管的交换机是不能被管理的，像傻瓜集线器一样直接转发数据，如图 2-28 所示。而可网管交换机则可以被管理、监控，具有智能性。它具有端口监控、划分 VLAN 等非智能交换机不具备的特性，因此，安装网管交换机的网络也更具有智能性、可管理性、安全性，如图 2-29 所示。一台交换机是否是可网管交换机可以从外观上分辨出来：可网管交换机的正面或背面一般有一个配置 Console 端口，如图 2-28、图 2-29 所示。

图 2-28　不带 Console 端口的不可网管交换机

图 2-29　带 Console 端口的可网管交换机

通过串口电缆可以把交换机的 Console 端口和计算机连接起来，这样通过计算机来配置和管理交换机的参数。

1）交换机的配置管理方式

交换机的配置和管理通过仿真终端设备配合进行，需要把一台 PC 配置成为相连交换机的仿真终端设备。常见的配置管理交换机的方式有以下 4 种：

- 通过 PC 与交换机直接相连；
- 通过 Telnet 对交换机进行远程管理；
- 通过 Web 对交换机进行远程管理；
- 通过 SNMP 管理工作站对交换机进行管理。

网络中新安装的交换机第一次配置管理时，必须采用专用配置线缆，通过 Console 端口方式对交换机进行配置，这种方式并不占用交换机的带宽，因此，又称"带外管理"（Out of Band）。上面 4 种配置管理交换机的方式中，后面 3 种方式均要使用以太口，通过网线远程登录方式配置管理，因此，必须具备配置权限和交换机管理地址，如图 2-30 所示。

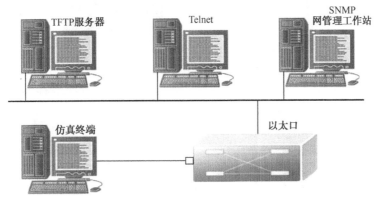

图 2-30 交换机的配置访问方式

2）配置仿真终端

通过 Console 端口方式配置管理交换机，首先需要配置仿真终端。

首先使用交换机附带的串口配置线缆，一端插在交换机的 Console 端口里，另一端连接在配置计算机的 9 针串口里，如图 2-31 所示。

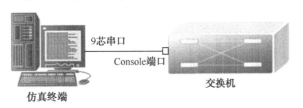

图 2-31 仿真终端的连接

开启所有设备，直到处于稳定状态。运行配置计算机"超级终端"程序："开始/程序/附件/通信/超级终端"，建立超级终端和交换机的连接，如图 2-32 所示。

- 首先填写设备连接描述名称，如图 2-33 所示。
- 接下来，选择连接仿真终端（计算机）串口名称 COM1，如图 2-34 所示。
- 配置连接端口后，设置设备之间通信的信号参数，连接参数如下：9600 波特率、8 位数据位、1 位停止位、无校验、无流控，如图 2-35 所示。

设置好交换机和管理设备连接参数以后，按回车键就会出现设备和交换机连接正常状态。设备之间连接成功界面如图 2-36 所示。

图 2-32　带外管理配置过程

图 2-33　仿真终端的连接端口

图 2-34　连接名称

图 2-35　设备之间连接参数

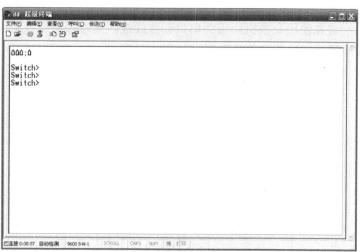

图 2-36　设备之间连接成功界面

2.3.4　虚拟机和虚拟网络

　　VMware Workstation 允许操作系统和应用程序在一台虚拟机内部运行。虚拟机的运行是独立于主机操作系统的离散环境。在 VMware Workstation 中，可以在一个窗口中加载一台虚拟机，它可以运行自己的操作系统和应用程序，也可以在运行于桌面上的多台虚拟机之间切换。通过一个网络共享虚拟机（如一个公司局域网），挂起和恢复虚拟机，以及退出某虚拟机不会影响主机操作和其他任何操作系统及其正在运行的应用程序。虚拟机就是用软件模拟计算机软、硬件环境，通过共享宿主机的部分硬件及宿主机 CPU 模拟的部分虚拟硬件，建立完整的运行环境。

VMware 下的网络设置及 3 种工作模式：

VMWare 提供了 3 种工作模式，它们是 bridged（桥接模式）、host-only（主机模式）和 NAT（网络地址转换模式）。要想在网络管理和维护中合理应用它们，就应该先了解一下这 3 种工作模式。

● bridged（桥接模式）

在这种模式下，VMWare 虚拟出来的操作系统就像是局域网中的一台独立的主机，它可以访问网内任何一台机器。在桥接模式下，需要手工为虚拟系统配置 IP 地址、子网掩码，而且还要和宿主机器处于同一网段，这样虚拟系统才能和宿主机器进行通信。同时，由于这个虚拟系统是局域网中的一个独立的主机系统，那么就可以手工配置它的 TCP/IP 配置信息，以实现通过局域网的网关或路由器访问互联网。使用桥接模式的虚拟系统和宿主机器的关系，就像连接在同一个 Hub 上的两台计算机。想让它们相互通信，就需要为虚拟系统配置 IP 地址和子网掩码，否则就无法通信。如果想利用 VMWare 在局域网内新建一个虚拟服务器，为局域网用户提供网络服务，就应该选择桥接模式。

● host-only（主机模式）

在某些特殊的网络调试环境中，要求将真实环境和虚拟环境隔离开，这时就可采用 host-only 模式。在 host-only 模式中，所有的虚拟系统是可以相互通信的，但虚拟系统和真实的网络是被隔离开的。

提示：在 host-only 模式下，虚拟系统和宿主机器系统是可以相互通信的，相当于这两台机器通过双绞线互连。在 host-only 模式下，虚拟系统的 TCP/IP 配置信息（如 IP 地址、网关地址、DNS 服务器等），都是由 VMnet1（host-only）虚拟网络的 DHCP 服务器来动态分配的。如果想利用 VMWare 创建一个与网内其他机器相隔离的虚拟系统，进行某些特殊的网络调试工作，可以选择 host-only 模式。

（1）在虚拟机上安装操作系统时，系统的 IP 设置为 192.168.0.99，DNS：192.168.0.1

（2）修改虚拟机的 VMnet1 的 IP 为 192.168.0.1。

（3）在你可访问网络的那块网卡上设置 Internet 连接共享，具体设置方式为属性→高级→连接共享，然后选择 VMnet1，将网络共享给它。

（4）在本机上 ping 一下 192.168.0.99，如果能 ping 通，就说明设置正确了。

（5）进入虚拟机中的 Linux 操作系统，尽情地网上冲浪吧。

● NAT（网络地址转换模式）

使用 NAT 模式，就是让虚拟系统借助 NAT（网络地址转换）功能，通过宿主机器所在的网络来访问公网。也就是说，使用 NAT 模式可以实现在虚拟系统里访问互联网。NAT 模式下的虚拟系统的 TCP/IP 配置信息是由 VMnet8（NAT）虚拟网络的 DHCP 服务器提供的，无法进行手工修改，因此，虚拟系统也就无法和本局域网中的其他真实主机进行通信。采用 NAT 模式最大的优势是虚拟系统接入互联网非常简单，不需要进行任何其他的配置，只需要宿主机器能访问互联网即可。如果想利用 VMWare 安装一个新的虚拟系统，在虚拟系统中不用进行任何手工配置就能直接访问互联网，建议采用 NAT 模式。

2.3.5 本地用户和组的创建与使用

1. 工作组中，最基本的管理有组账户和用户账户两项

1）用户

用户是指一个实实在在的人，计算机的使用者，用户和账号之间是一对多的关系。好比一个人可以有多个存折，每个存折使用不同的名字和密码。因此，一个用户可以拥有一个或多个不同的用户账号和密码。

2）用户账号和密码

网络上的用户就像银行中的储户。计算机网络用户也一样，当用户通过某台计算机登录网络时，必须先向所在区域的管理员申请一个用户账号（账户），以后每次上网登录时，要先输入用户账号和密码。经该网络的目录数据库验证合格后，才可进入网络。

3）强制登录技术

先按 Ctrl+Alt+Delete 组合键，再输入在本地有效的用户账户和密码，才能进入计算机系统。

4）本地账户和本地安全账户管理（SAM）数据库

（1）本地 SAM 数据库。

本地账户的用户名和密码等安全信息存储在本机的本地安全账户管理数据库，即 SAM 数据库中。每台 Windows 计算机中，都有一个包含了本地用户账户安全信息的本地 SAM 数据库。

（2）作用范围。

本地账户只在本地登录或访问时有效，即只有当用户登录本地计算机，或从其他计算机访问本地计算机内地资源时，才被要求输入本地 SAM 库有效的用户账户和密码。

（3）本地账户的特点。

作用范围：本地计算机。

管理工具：计算机管理→本地用户和组。

应用：本地账户主要用在计算机本机和工作组环境，以及控制器的本机管理中。

默认本地账户：Administrator 超级用户、Guest 来宾账户。只有超级用户具有创建用户的权限和关机的权限。

5）用户名、密码和计算机的命名规则

（1）用户名。

在 Windows 2003 中设置的用户名必须唯一，不能和计算机上的其他用户名或组名相同。用户名最多可以包含 20 个大、小写字母（不区分大小写），不能包含" /\[]:;?=,+*<>。

（2）计算机名。

计算机名称用于识别网络上的计算机。连接到网络中的每台计算机都有唯一的名称。计算机名最多为 15 个字符。

（3）密码。

在 Windows 2003 中，在"密码"和"确认密码"文本框中，可以输入不超过 127 个字

符。为安全起见，不要设置空密码。区分大小写。

6）创建本地用户账户

只有 Administrator 账户具有创建、更改、删除本地用户账户的权利。

右键我的计算机→管理→计算机管理→本地用户和组→用户→新用户。

（1）用户第一次登录是更改账户密码；

（2）用户在使用账户的过程中更改账户密码；

（3）管理员禁止用户更改账户密码；

（4）管理员重新设置用户账户的密码；

（5）禁用用户账户；

（6）删除用户账户。

2. 组账户的定义和作用

（1）定义：组账户就是包含组中所有成员的账户。组账户一般是指同类用户账户的集合。组账户通常称为组。

（2）作用：为资源分配组的访问控制权限后，同一组中的所有用户都会有相同的访问权限。使用组账户可以方便、简化网络的管理。

（3）组账户具有的两个特点：一个组中可以根据需要包含多个用户账户，这些用户账户被称为该组的成员；如果给一个组分配了某项权限或权利，那么该组中的所有成员都将继承这个组所拥有的权限或权利。

3. 内置的本地组

1）Administrators（管理员组）

属于 Administrators 本地组的用户账户都具有管理员的权限和权利，它们拥有对本台计算机的最大控制权，可以执行所有的管理任务。内置的管理员账户 Administrator 就是该组的成员，而且无法从中删除。如果管理员希望一个用户能够像自己一样管理本台计算机，那么只要将这个用户的用户账户加入到 Administrators 内置组中即可。

2）Users（用户组）

属于 Users 本地组的用户账户只具有一些基本的权限和权利，但是，它们不能修改操作系统的设置，不能更改其他用户账户的数据，不能更改计算机的名称，更不能关闭服务器级的计算机。所有创建的本地用户账户都自动属于这个组。

2.4 实操训练

2.4.1 实训任务一 认识交换机命令行界面

【任务描述】

你是某公司网管，公司要求你熟悉网络产品：登录交换机、了解、掌握交换机的命令行操作。

【知识准备】

1. 识别交换机管理模式命令提示符

交换机根据配置管理的功能不同，网管交换机可分为 3 种不同工作模式：用户模式、特权模式、配置模式（全局模式、接口配置模式、VLAN 工作模式、线程工作模式）。

1）用户模式：Switch>

当配置好仿真终端，和交换机建立正确连接后，用户首先处于用户模式（User EXEC 模式）。在用户模式下，用户拥有很小的配置管理交换机的权限，只可以使用少量命令，用户模式命令的操作结果不会被保存。

2）特权模式：Switch #

要想在网管交换机上使用更多的命令，必须进入特权模式（Privileged Exec 模式）。由用户模式进入特权模式的命令：Enable。

在特权模式下用户拥有更高的特权，可以使用命令的条数也比用户模式丰富很多。

3）全局配置模式：Switch（config）#

由特权模式进入配置模式，通过 configure terminal 命令进入配置模式。在配置模式下，可以使用更多的命令配置交换机参数。

使用配置模式（全局配置模式、接口配置模式等）的命令，会对当前运行的配置产生影响。如果用户保存配置信息，这些命令将被保存下来，并在系统重启后执行。

从全局配置模式出发，可以进入接口配置模式等各种配置子模式：

- 在全局配置模式下，使用 interface 命令进入接口配置子模式。
- 在全局配置模式下，使用 vlan vlan_id 命令进入 Vlan 配置模式。使用该模式配置 Vlan 参数。Switch（config-vlan）#
- 在所有模式下，输入 exit 命令或者 end 命令，或者按 Ctrl+Z 组合键离开该模式。

2. 使用帮助技术

1）使用"？"获得帮助

网络交换机管理界面分成若干不同的工作模式，由于交换机的操作系统是一个命令行操作系统，并拥有大量的命令和参量，用户在所处的命令模式提示符下，输入问号"？"，可列出该模式可以使用的命令列表。此外使用"？"还可获得多种不同的帮助效果，为操作交换机节省大量的时间。

用户可以用不同的方式使用"？"命令。例如，在用户不知道该键入什么命令时，可以使用它。例如，如果用户并不知道一个命令的下一个参数是什么，就可以使用"？"命令。用户还可以使用"？"来查看以某个特定字母开头的所有命令。例如，show b?命令就会返回以字母 b 开头的命令列表。

2）使用 Tab 键实现命令自动补齐

当然用户也可以使用 Tab 键，可以自动补齐剩余命令单词，也可以只输入命令行的前几个字母，然后使用 Tab 键可以自动补齐当前命令提示符下对应的命令。

3）使用命令简写

交换机的操作系统命令和 DOS 的命令格式一样，也可以使用该命令对应的前几个字母，直接按回车键也可以自动执行对应的操作。

4）使用历史缓冲区加快操作

交换机的操作系统使用历史缓冲区技术，记录了最近使用的当前提示符下所有的命令，我们可以使用"↑"方向键和"↓"方向键将以前操作过的命令重新翻回去，重新使用。该特性在重新输入长而且复杂的命令时将十分有用。

3. 识别操作错误提示

1）% Ambiguous command: "show c"

用户没有输入足够的字符，交换机无法识别唯一的命令。重新输入命令，紧接着发生歧义的单词输入一个问号。可能的关键字将被显示出来。

2）% Incomplete command

用户没有输入该命令必需的关键字或者变量参数。重新输入命令，输入空格再输入一个问号。可能输入的关键字或者变量参数将被显示出来。

3）% Invalid input detected at '^' marker

用户输入命令错误，符号（^）指明了产生错误的单词的位置。在所在地命令模式提示符下输入一个问号，该模式允许的命令的关键字将被显示出来。

【任务目标】

熟悉交换机命令行界面；认识 4 种操作模式；熟练不同操作模式间的转换操作；熟练使用帮助功能。

【设备清单】

交换机 1 台、PC1 台、Console 线 1 根。

2.4.2 实训任务二 熟练交换机基本配置

【任务描述】

你是某公司网管，公司有多台交换机，为了区分和管理，公司要求每台设备要命名并配置登录时的描述信息；另外要把 F0/1～F0/6 端口速率设为 10Mbps，传输模式设为半双功，并开启该端口进行数据的转发。

【知识准备】

交换机是局域网最重要的连通设备，和集线器连接的网络不一样，交换机所连接的网络更具有智能性，网络也更具有可管理性。

交换机的 show 命令是配置交换机的最基础命令，也是配置交换机最入门的命令，以及今后使用交换机中频率最高的命令。该命令在交换机的特权模式下使用，通过该命令可以了解交换机的配置信息，版本信息，以及深入了解交换机的工作状态。在网络管理过程中，网络管理员应该随时了解交换机的各种状态，以便及时排除故障、优化配置。

● show running-configuration

show running-configuration 命令可以显示交换机、路由器设备当前配置。在对交换机进行了修改之后，即改变了当前配置，可以查看配置是否有效。不过要注意，除非用户执行了一次 copy running-configuration startup-configuration，否则所做的修改并不会保存。

copy running-configuration startup-configuration

此命令可以将正在修改的配置保存起来。如果掉电，NVRAM 将会保留这个配置。换句话说，如果用户编辑了交换机的配置，就不应当使用这个命令并重启交换机，要不然修改就会丢失。此命令也可以简写为 copy run start。在交换机发生问题时，copy 命令也可以将运行中的或启动的配置从交换机复制到 TFTP 服务器。

● show interface

此命令可以显示交换机接口的状态，它还会显示以下的信息：接口的协议状态、利用情况、错误、MTU，此命令对于诊断交换机或者路由器的故障极为有用。也可以通过指定交换机某个特定的接口来使用它，如果想要显示特定端口的状态，可以键入"show interfaces"后面跟上特定的网络接口和端口号即可，例如：

switchr#show interfaces fa0/1

● show ip interface

此命令提供了关于系统配置的大量有用信息，也提供所有接口上 IP 协议及其服务的状态信息。而 show ip interface brief 命令提供了交换机接口的简要状态信息，包括其 IP 地址、第二层和第三层的状态。

● show ip route

此命令用于显示三层交换机或者路由器设备的路由表。它会显示所有网络列表及如何达到的信息。

● show version

此命令可以显示交换机操作系统的版本记录，本质上也就是显示用于引导的固件设置、交换机上次的启动时间、OS 的版本、OS 文件的名称、交换机的内存和闪存数量等。

● show mac-address-table

显示所有交换机学习到所连计算机的 MAC 地址表信息。

● show vlan

显示所有交换机已配置的虚拟局域网中的 VLAN 信息。

● show clock

显示交换机的时间设置。

【任务目标】

随时查看交换机的各种信息，熟练管理交换机，从而优化网络管理。

【设备清单】

交换机 1 台、PC 1 台、Console 线 1 根。

2.4.3　实训任务三　利用 VLAN 实现交换机端口隔离

【任务描述】

此交换机为某校园网中的一个接入交换机，F0/1～F0/4 端口连接的是教务科计算机，F0/5～F0/8 端口连接的是学生科计算机，因工作需要教务科与学生科的信息不能共享必须隔离。

【知识准备】

1. 什么是虚拟局域网

传统以共享介质为核心的以太网，所有的用户都在同一个广播域中，通过广播方式传输信息，由于广播到所有机器上，网络内部的计算机安全得不到保障；同时由于广播会引起网络性能的下降，浪费带宽等，因此，随着网络规模不断扩展，需要找到新的解决方法。

VLAN 为解决以太网广播问题和安全问题而提出解决方案，它在以太网全网广播基础上，把用户划分到更小工作组中，每个工作组就相当于一个隔离的局域网。这些隔离的局域网的好处是可以限制广播范围，形成虚拟工作组，如图 2-37 所示。这些虚拟工作组能够解决传统局域网中出现冲突、广播、带宽和安全等问题，提高传统局域网性能。

VLAN（Virtual Local Area Network）虚拟局域网技术是一种通过将局域网内的设备，逻辑地而不是物理地划分成一个个网段，如图 2-38 所示。这里的网段仅仅是逻辑网段概念，而不是真正物理网段。

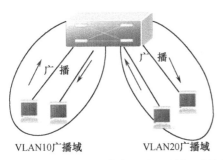

图 2-37 VLAN 工作组相当于隔离局域网

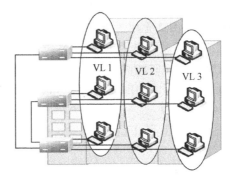

图 2-38 跨区域的虚拟局域网

这些物理网络上划分出来的逻辑网络，能实现物理网段隔离广播功能。VLAN 相当于 OSI 参考模型第二层广播域，能够将广播流量控制在一个 VLAN 内部，划分 VLAN 后，由于广播域缩小，原来网络中广播包会减少，消耗网络带宽所占比例大大降低，网络性能得到显著提高。不同 VLAN 之间互相不通，不同 VLAN 之间数据如果需要通信，需要通过第三层（网络层）设备来实现。

2. 虚拟局域网特点

VLAN 技术可以实现 VLAN 中用户并不局限于某一物理范围，可以位于一个园区网络中任意位置，根据网络用户位置或者部门进行分组。网络中管理人员通过控制交换机每一个端口，来控制网络用户对网络资源访问，减少网络中广播流量，提高网络传输效率。虚拟局域网 VLAN 技术的主要特点如下所述。

1）控制网络的广播风暴

通过将交换机的某个端口划到某个 VLAN 中，实现隔离网络中广播功能，一个 VLAN 广播风暴不会影响其他 VLAN 中的设备，从而提高整网性能，如图 2-39 所示。

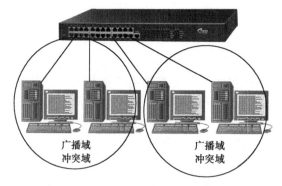

图 2-39　VLAN 控制网络的广播风暴

2）确保网络安全

共享式局域网之所以很难保证网络安全性，是因为只要用户接入交换机中的一个活动端口，就能访问网络。而 VLAN 能限制个别用户的这种随意访问，通过控制交换机的端口，从而实现控制广播组的大小和虚拟局域网的位置，以确保网络的安全性。

3）简化网络管理，提高组网灵活性

网络管理员能借助于 VLAN 技术轻松管理整个网络。网络管理员通过设置 VLAN 命令，就能在很短时间内建立项目工作组，随意更改项目组成员，实现按照不同的项目 VLAN 网络划分，项目组中的成员使用 VLAN 网络，就像本地使用局域网中的资源一样。

【网络拓扑】

VLAN 隔离不同部门计算机场景如图 2-40 所示。

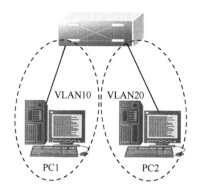

图 2-40　VLAN 隔离不同部门计算机场景

【任务目标】

在办公网交换机上基于端口划分 VLAN，实现交换机端口之间安全隔离。

【设备清单】

交换机（1 台）、计算机（>=3 台）、网线（若干）、配置线缆（1 根）。

2.4.4　实训任务四　实现跨交换机相同 VLAN 间通信

【任务描述】

教学楼有两层，分别是一年级、二年级，每个楼层都有一台交换机满足老师上网需求；

每个年级都有语文教研组和数学教研组；两个年级的语文教研组的计算机可以互相访问；两个年级的数学教研组的计算机可以互相访问；语文教研组和数学教研组之间不可以自由访问；通过划分 VLAN 使得语文教研组和数学教研组之间不可以自由访问；使用 802.1Q 进行跨交换机的 VLAN。

【知识准备】

当同一个 VLAN 中所有计算机都位于同一台交换机时，计算机之间通信就十分简单，与未划分 VLAN 一样，从一个端口发出的数据帧，直接转发到同一 VLAN 内相应的成员端口。由于 VLAN 的划分通常按逻辑功能而非物理位置进行，位于同一 VLAN 中的成员设备，跨越任意物理位置的多个交换机的情况更为常见，在没有技术处理的情况下，一台交换机上 VLAN 中信号，无法跨越交换机传递到另一台交换机的同一 VLAN 成员中。那么，怎样才能完成跨交换机 VLAN 的识别并进行 VLAN 的内部成员的通信呢？

为了让 VLAN 能够跨越多个交换机，实现同一 VLAN 中成员通信，可采用主干链路 Trunk 技术，将两个交换机连接起来。Trunk 主干链路是指连接不同交换机之间一条骨干链路，可同时识别和承载来自多个 VLAN 中的数据帧信息。由于同一个 VLAN 的成员跨越多台交换机，而多个不同 VLAN 的数据帧，都需要通过连接交换机的同一条链路进行传输，这样就要求跨越交换机的数据帧，必须封装为一个特殊标签，以声明它属于哪一个 VLAN，方便转发传输。

在 1996 年 3 月，IEEE 802.1 Internet Working 委员会结束了对 VLAN 初期标准的修订工作，并制定了 802.1QVLAN 标准。IEEE802.1Q 规定了依据以太网交换机的端口来划分 VLAN 的国际标准。它在每个数据帧中的特定字段建立一个标识，从而进行 VLAN 的识别，使不同厂商的设备可以同时在一个网络中实现互通。

8021Q 技术实现同一 VLAN 中计算机系统，能跨交换机进行相互通信。8021Q 中使用 VLAN 标记方式解决跨交换机 VLAN 通信。为了让交换机能够处理分布在不同交换机上的 VLAN，当数据包在不同交换机间通过汇聚端口进行传送时，会对每个数据包打上一个 VLAN ID 的标记，当其他交换机收到这个包时，才可以正确将包送到对应 VLAN 端口上。

如图 2-41 所示数据帧结构中，IEEE802.1Q 使用 4Bytes 标记头定义 Tag（标记），4Bytes 的 TAG 头包括 2Bytes 的 TPID（Tag Protocol Identifier）和 2Bytes TCI（Tag Control Information）。其中 TPID 是固定的数值 0X8100。标识该数据帧承载 802.1Q 的 Tag 信息。TCI 包含组件：3bits 用户优先级；1bit CFI（Canonical Format Indicator），默认值为 0；12bits 的 VLAN 标识符（VID，VALAN Identifier）。最多支持 250 个 VLAN（VALAN ID 1～4094），其中 VLAN1 是不可删除的默认 VLAN。

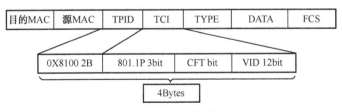

图 2-41　802.1Q 帧格式

【网络拓扑】

配置 IEE802.1Q 干道技术场景如图 2-42 所示。

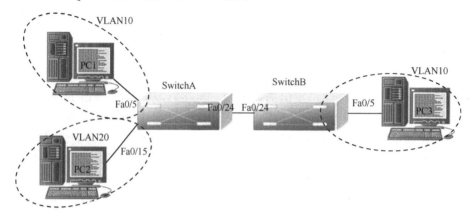

图 2-42　配置 IEEE802.1Q 干道技术场景

【任务目标】

配置 IEEE802.1Q 干道技术，使在同一 VLAN 计算机能跨交换机通信，而在不同 VLAN 中计算机之间不能相互通信。

【设备清单】

交换机（1 台）、计算机（>=3 台）、网线（若干）、配置线缆（1 根）。

2.4.5　实训任务五　搭建虚拟网络环境

【任务描述】

王晓宾是某企业的网络管理员，为了胜任此工作，他不断"充电"，学习新的网络知识。苦于没有实验环境，又不能轻易改动企业网络配置，所以只能纸上谈兵，难以收到预期的学习效果。

【知识准备】

美国 VMware 公司推出的虚拟计算机平台——VMware 为我们提供了一个具有创新意义的方案，使用者可以在使用 Gimp 的同时，运行 Microsoft Word。不仅如此，还可以同时运行各种 Linux 发行版本、DOS、Windows NT、Windows 2003、Windows XP 等操作系统，甚至可以在同一台计算机上安装多个 Linux 发行版本及多个 Windows 版本。

作为虚拟 PC 软件，与"多启动"系统相比，VMware 采用了完全不同的概念。多启动系统在一个时刻只能运行多个操作系统，在系统切换时需要重新启动机器，而 VMware 能够真正"同时"运行多个操作系统。在主系统的平台上，不同操作系统之间的切换就像标准 Windows 应用程序切换那样方便。

现如今很多人都拥有计算机，但多数人都只有一两台，想组建一个自己的局域网或者是做个小规模的网络实验，一台机器是无法实现的，最少也要两三台，可为了这个目的再买计算机也不太现实。好在有 VMware Workstation 可以帮助解决这个问题，只要真实主机的配置足够强大，VMware Workstation 可以在一台计算机上虚拟出很多的主机。

【任务目标】

（1）在 Windows 2003 Server 上安装 VMware Workstation V.5.5.3 软件。

（2）应用配置 VMware Workstation。

【设备清单】

一台安装了 Windows 2003 Server 的计算机作为物理主机及 VMware Workstation V.5.5.3 软件。

2.4.6 实训任务六 组建基于工作组的网络

【任务描述】

陈平主要负责单位的计算机和网络的维护工作，开始只有几台计算机，陈平用交换机直接把它们连接在一起，构成了一个简单的局域网。但随着计算机数量的增加，网络连接越来越乱，出现网络故障后，排查起来很困难，为此，陈平准备调整网络结构，打算根据不同的部门，将计算机分成若干小组。

【知识准备】

Windows 网络的管理方式主要有两种：工作组和域。其中，工作组属于分布式管理模式，每台计算机的系统管理员分别管理各自的计算机，安全级别不高，适用于小型的网络；而域为集中式的管理模式，域管理员可以集中管理整个域的所有工作，安全级别较高，适用于较大型的网络。

在同一个物理网络中，可以同时建立多个工作组，也可以同时建立多个域，它们必须具有不同的名称。

工作组由一组用网络连接在一起的计算机组成，它们将计算机内的资源共享给用户访问。

工作组网络又称"对等式"的网络，因为工作组中每台计算机的地位都是平等的，它们的资源与管理分散在各台计算机上。

工作组结构的网络具有以下特点：

● 在工作组中，每台计算机都把自己的资源信息、用户账户信息与安全信息存放在各自的 SAM 数据库中（举例说明）。

● 工作组中不一定需要服务器级的计算机。

● 如果企业内的计算机数量不多的话，可以创建工作组来管理网络。

【任务目标】

掌握组建工作组网络的基本方法。

【设备清单】

虚拟环境、真实计算机 1 台。

2.4.7 实训任务七 本地用户和组的创建与使用

【任务描述】

某公司员工小李的计算机是一台运行 Windows Server 2003 的成员服务器，平时只有小李一人使用，但有的时候，其他同事也会使用他的计算机。小李不想让这些同事与他一样以管理员的身份登录计算机，并进行如安装应用软件、删除文件等一些只有管理员才有权限完成的操作。

【知识准备】

1. 组账户的定义和作用

（1）定义：组账户就是包含组中所有成员的账户。组账户一般是指同类用户账户的集合。组账户通常称为组。

（2）作用：为资源分配组的访问控制权限后，同一组中的所有用户都会有相同的访问权限。使用组账户可以方便、简化网络的管理。

（3）组账户具有的两个特点：一个组中可以根据需要包含多个用户账户，这些用户账户被称为该组的成员；如果给一个组分配了某项权限或权利，那么该组中的所有成员都将继承这个组所拥有的权限或权利。

2. 内置的本地组

1）Administrators（管理员组）

属于 Administrators 本地组的用户账户都具有管理员的权限和权利，它们拥有对本台计算机的最大控制权，可以执行所有的管理任务。内置的管理员账户 Administrator 就是该组的成员，而且无法从中删除。如果管理员希望一个用户能够像自己一样管理本台计算机，那么只要将这个用户的用户账户加入到 Administrators 内置组中即可。

2）Users（用户组）

属于 Users 本地组的用户账户只具有一些基本的权限和权利，但是，它们不能修改操作系统的设置，不能更改其他用户账户的数据，不能更改计算机的名称，更不能关闭服务器级的计算机。所有创建的本地用户账户都自动属于这个组。

【网络拓扑】

本地用户及组创建与使用实训拓扑如图 2-43 所示。

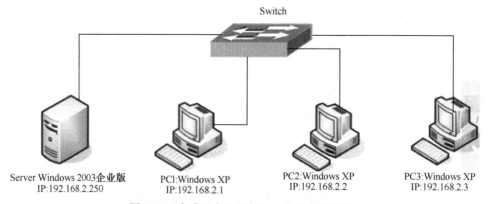

Switch

Server Windows 2003企业版
IP:192.168.2.250

PC1:Windows XP
IP:192.168.2.1

PC2:Windows XP
IP:192.168.2.2

PC3:Windows XP
IP:192.168.2.3

图 2-43　本地用户及组创建与使用实训拓扑

【任务目标】

理解用户和组的作用；学会建立用户和组；掌握利用组来简化管理。

【设备清单】
1 台装有 Windows 操作系统的计算机。

2.5 岗位模拟

根据学校要求为各部门组建办公网络，其中每个专业部仅配备一台二层交换机，但专业部中既有属于教务处网络的计算机又有属于学生处网络的计算机，要求各部门网络的计算机能实现数据通信和资源共享。

2.6 巩固提高

（1）VMware 与"多启动"系统相比有何不同？

（2）虚拟机与宿主机之间的关系？

（3）如何在 Windows 2003 Server 中安装 VMware Workstation V.5.5.3 软件？

（4）从实际出发应用配置 VMware Workstation，熟练多硬盘、双网卡的设置与使用。

项目三

组建复杂办公网络

3.1 岗位任务

利用三层交换机将分布在学校各办公地点的子网互联，同时实现各部门子网间的互通。

3.2 教学目标

（1）熟练使用三层交换机的设置操作。
（2）掌握 SVI 技术实现 VLAN 间的通信。
（3）掌握链路聚合及生成树等优化技术。
（4）掌握 DHCP 服务器的配置。
（5）掌握 DNS 服务器的原理及配置。

3.3 知识背景

3.3.1 三层交换技术

三层交换（又称多层交换技术，或 IP 交换技术）是相对于传统交换概念而提出的。众所周知，传统的交换技术是在 ISO/OSI 模型中的第二层——数据链路层进行操作的，而三层交换技术是在 ISO/OSI 模型中的第三层实现了数据包的高速转发。简单地说，三层交换技术就是二层交换技术+三层转发技术。

三层交换技术的出现，解决了局域网中网段划分之后，网段中子网必须依赖路由器进行管理的局面，解决了传统路由器低速、复杂所造成的网络瓶颈问题。

三层交换技术可以在以太网交换机和 ATM 交换机中实现，其实现的原理一样，但实现的复杂程度稍有不同，封装方式不同。

三层交换机是为 IP 设计的，接口类型简单，拥有很强二层包处理能力，所以适用于大型局域网，为了减小广播风暴的危害，必须把大型局域网按功能或地域等因素划分成一个一个的小局域网，也就是一个一个的小网段，这样必然导致不同网段之间存在大量的互访，单纯使用二层交换机没办法实现网间的互访而单纯使用路由器则由于端口数量有限，路由速度较慢，而限制了网络的规模和访问速度，所以，这种环境下，由二层交换技术和路由技术有机结合而成的三层交换机就最为适合。

三层交换机的最重要目的是加快大型局域网内部的数据交换，揉合进去的路由功能也是为这目的服务的，所以它的路由功能没有同一档次的专业路由器强。在网络流量很大的情况下，如果三层交换机既作为网内的交换，又作为网间的路由，必然会大大加重它的负担，影响响应速度。在网络流量很大，但又要求响应速度很高的情况下由三层交换机作为网内的交换，由路由器专门负责网间的路由工作，这样可以充分发挥不同设备的优势，是一个很好的配合。当然，如果受到投资预算的限制，由三层交换机兼做网间互连，也是个不错的选择。

3.3.2　三层交换机工作原理

一个具有三层交换功能的设备，是一个带有第三层路由功能的第二层交换机，但它是二者的有机结合，并不是简单地把路由器设备的硬件及软件叠加在局域网交换机上。

第三层交换工作在 OSI 七层网络模型中的第三层即网络层，是利用第三层协议中的 IP 包的包头信息来对后续数据业务流进行标记，具有同一标记的业务流的后续报文被交换到第二层数据链路层，从而打通源 IP 地址和目的 IP 地址之间的一条通路。这条通路经过第二层链路层。有了这条通路，三层交换机就没有必要每次将接收到的数据包进行拆包来判断路由，而是直接将数据包进行转发，将数据流进行交换。

其原理：假设两个使用 IP 协议的站点 A、B 通过第三层交换机进行通信，发送站点 A 在开始发送时，把自己的 IP 地址与 B 站的 IP 地址比较，判断 B 站是否与自己在同一子网内。若目的站 B 与发送站 A 在同一子网内，则进行二层的转发。若两个站点不在同一子网内，如发送站 A 要与目的站 B 通信，发送站 A 要向"默认网关"发出 ARP（地址解析）封包，而"默认网关"的 IP 地址其实是三层交换机的三层交换模块。当发送站 A 对"默认网关"的 IP 地址广播出一个 ARP 请求时，如果三层交换模块在以前的通信过程中已经知道 B 站的 MAC 地址，则向发送站 A 回复 B 的 MAC 地址。否则三层交换模块根据路由信息向 B 站广播一个 ARP 请求，B 站得到此 ARP 请求后向三层交换模块回复其 MAC 地址，三层交换模块保存此地址并回复给发送站 A，同时将 B 站的 MAC 地址发送到二层交换引擎的 MAC 地址表中。从这以后，当 A 向 B 发送的数据包便全部交给二层交换处理，信息得以高速交换。由于仅仅在路由过程中才需要三层处理，绝大部分数据都通过二层交换转发，因此，三层交换机的速度很快，接近二层交换机的速度，同时比相同路由器的价格低很多。

3.3.3　DHCP 服务器工作原理

DHCP（动态主机配置协议）是从 BOOTP 协议发展而来的，用于自动分配客户端计算机 IP 地址的一种标准协议，在 RFC 2131 中进行定义。

默认情况下，基于 Windows 系统的客户端计算机均配置为 DHCP 客户端（自动获取 IP

地址），可以手动为其配置静态 IP 地址。如果客户端配置为 DHCP 客户端并且网络中存在 DHCP 服务器时，客户端计算机在启动时或者连接到网络时向 DHCP 服务器获取 IP 地址及其他相关信息，例如，DNS 服务器、网关、WINS 服务器等，DHCP 服务器使用租约的形式将 IP 地址分配给客户端计算机使用。由于 DHCP 服务器需要固定的 IP 地址和 DHCP 客户端计算机进行通信，所以 DHCP 服务必须有一个固定的 IP 地址。

1. DHCP 服务器的工作方式

DHCP 客户端和 DHCP 服务器之间会进行 4 次通信。

（1）DHCP 客户端发送 IP 租用请求（DHCPDISCOVER）。当客户端首次接入网络、初始化 TCP/IP 连接。例如，主机系统启动、新安装了网卡及启用禁用的网络连接时都会初始化 TCP/IP 连接。由于客户端此时没有 IP 地址。同时也不知道 DHCP 服务器的 IP 地址，因此，会通过广播发送一个 DHCPDISCOVER 消息，请求租用 IP 地址等参数。DHCPDISCOVER 消息中包含源 IP 地址（0.0.0.0）、目的 IP 地址（255.255.255.255，广播地址）、源端口号（UDP68）、目的端口号（UDP67），以及 DHCP 客户端的硬件地址和主机名（DHCP 客户端的标识）等信息。

（2）DHCP 服务器提供 IP 地址（DHCPOFFER）。网络中所有收到客户端发出的 DHCPDISCOVER 消息的合法 DHCP 服务器都会通过广播发送一个 DHCPOFFER 消息到网上，为客户端提供 IP 地址等相关参数。DHCPOFFER 消息中包含源 IP 地址（DHCP 服务器 IP 地址）、目的 IP 地址（255.255.255.255，客户端此时没有 IP 地址）、源端口号（UDP67）、目的端口号（UDP68）、提供的 IP 地址和子网掩码、IP 地址的租用时间、服务器标识（通常为服务器的 IP 地址），以及 DHCP 客户端的硬件地址和主机名等信息。

在 DHCP 客户端发出 DHCPDISCOVER 消息后，如果等待 1s 未收到任何 DHCP 服务器发出的 DHCPOFFER，客户机会分别以 2s、4s、8s、16s 的时间间隔重新广播发送 4 次相同的 DHCPDISCOVER 消息。如果此时仍然没有收到 DHCPOFFER，则基于客户端的操作系统不同，有以下 3 种情况：

- 基于 Windows 2000 的客户端将会采用自动专用 IP 地址暂时作为自己的 IP 地址，仍可以与其他采用自动专用 IP 地址的主机进行临时的通信。
- 基于 Windows XP 和 Windows Server 2003 的客户端将会采用备用配置。
- 基于其他操作系统的客户端将无法与 TCP/IP 网络连接，无法进行正常的网络通信。

但无论出现上述哪种情况，DHCP 客户端都会每隔五分钟再次广播发送 DHCPDISCOVER 消息，同样，无论出现上述哪种情况，都说明 DHCP 未正常工作。

（3）DHCP 客户端进行 IP 租用选择（DHCPREQUEST）。由于 DHCP 客户端用于 IP 租用请求的 DHCPDISCOVER 消息是通过广播发出的。而网络中可能存在不止一台的 DHCP 服务器，因此，所有合法的 DHCP 服务器在收到请求后都会广播发出自己的 DHCPOFFER 消息，为客户端提供 IP 地址。客户端收到后会选择第一个收到的 DHCPOFFER 中提供的 IP 地址，然后广播发送一个 DHCPREQUEST 消息，告知自己所选择的 IP 地址，并等待被选择服务器发来的用于确认的 DHCPACK 消息。DHCPREQUEST 消息中包含源 IP 地址（0.0.0.0，客户端此时没有 IP 地址）、目的 IP 地址（255.255.255.255，广播地址）、源端口号（UDP68）、目的端口号（UDP67）、选择的 IP 地址和提供该地址的服务器标识符，以及 DHCP 客户端的硬件地址和主机名等信息。

（4）DHCP 服务器进行 IP 租用确认（DHCPACK）。所有曾经发出的 DHCPOFFER 消息的 DHCP 服务器都将收到由 DHCP 客户端发出的 DHCPREQUEST 消息。那些未被选择的 DHCP 服务器将收回它们曾提供的 IP 地址；而被选择的 DHCP 服务器则会通过广播发送一个 DHCPACK 消息，确认接收客户端的选择，正式告知客户端可以使用其所提供的 IP 地址。DHCPACK 包含源 IP 地址（被选择 DHCP 服务器的地址）、目的 IP 地址（255.255.255.255，广播地址）、源端口号（UDP67）、目的端口号（UDP68）、DHCP 服务器提供的 IP 地址和其他相关 TCP/IP 参数、提供地址租用的服务器标识符，以及 DHCP 客户端的硬件地址和主机名等。

（5）DHCP 客户端收到服务器发出的 DHCPACK 消息后，会将消息中提供的 IP 地址和其他相关 TCP/IP 参数与自己的网卡绑定。开始网络中通信。

2. DHCP 客户端持续在线时进行 IP 租约更新

获得 IP 租约后，DHCP 客户端必须定期更新租约，否则当租约到期时，将不能再使用此 IP 地址。每当租用时间到达租约的 50%～87.5%时，客户端就必须发出 DHCPREQUEST 消息，向 DHCP 服务器请求更新租约。

（1）当租约使用 50%时，DHCP 客户端将以单播方式直接向为其提供 IP 地址的 DHCP 服务器发送 DHCPREQUEST 消息，如果客户端接收到该服务器回应的 DHCPACK 消息报，则客户端就根据 DHCPACK 消息中所提供的新的租期及其他已经更新的 TCP/IP 参数，更新自己的配置，IP 租用更新完成；如果没收到该服务器的回应，则 DHCP 客户端继续使用现有的 IP 地址，因为当前租约还有 50%。

（2）如果在当前租约已使用 50%时未能成功更新，则客户端将在当前租约已使用 87.5%时以广播方式发送 DHCPREQUEST 消息，如果仍未收到服务器回应，则客户端可以继续使用现有的 IP 地址。

（3）如果直到当前租约到期仍未能得到 DHCP 服务器回应而成功更新 IP 租约，则 DHCP 客户端将以广播方式发送 DHCPDISCOVER 消息，重新开始 4 个阶段的 IP 租用过程。

3. DHCP 客户端重新启动时进行 IP 租约更新

如果未在 DHCP 选项的 MICORSOFT 选项中配置"关机释放 DHCP 租约"的选项，DHCP 客户端重新启动时进行 IP 租约更新的进程。

注意： 如果将 DHCP 客户端网卡禁用再重新启用，则将不会进行 IP 租约更新，而是直接广播发送 DHCPDISCOVER 消息，重新开始 IP 租用过程。

3.3.4 DNS 服务器的配置

在目前应用中主要使用两种名称体系：DNS 名称体系和 NetBIOS 名称体系。但 DNS 成为 INTERNET 上通用的命名规范。

1. NetBIOS 名称体系

它是使用长度不超过 16 个字符的名称来唯一标识每个网络资源。名称中的前 15 个字符

可以由用户指定，每 16 个字符是一个 0～F 的十六进制数，用于标识资源或服务类型。在实际应用中，通过 Windows 操作系统中的"网络邻居"看到的计算机名、工作组名或域名就是 NetBIOS 名称。

2. DNS 名称体系

DNS 名称通常采用 FQDN（Fully Qualified Domain Name，完全限定域名）的形式来表示由主机名和域名两部分组成。例如，[url]www.landon.com[/url]就是一个典型的 FQDN，其中，www 是主机名，表示域名限制范围中的一台主机；landon.com 是域名，表示一个区域或一个范围。

1）DNS 名称空间

DNS 名称体系是有层次的，域是其层次结构的基本单位，任何一个域最多属于一个上级域，但可以有多个或没有下级域。在同一个域中不能有相同的下级域或主机名，但在不同的域中则可以有相同的下级域名或主机名。

（1）根域（Root Domain）：根域只有一个，根域是默认的，一般不需要表示出来。DNS 命名空间都是由位于美国的 InterNIC 负责管理或授权管理的。在根域服务器中并没有保存全世界的所有的 DNS 名称，其中只保存着顶级域的 DNS 服务器名称与 IP 地址的对应关系。每一层的 DNS 服务器只负责管理其下一层域的 DNS 服务器名称与 IP 地址的对应关系。

（2）顶级域（Top-Level Domain，TLD）：

在根域之下的第一级域便是顶级域。顶级域位于最右边。顶级域有两种类型的划分方法：机构域和地理域。例如，.com 是机构域，.cn 是地理域。

（3）各级子域（Subdomain）：

除了根域和顶级域之外，其他域均称为子域。一个域可以有多个子域。

（4）主机名（Host Name）：

位于最左边的便是域主机名。

（5）反向域（in-addr.arpa）：

反向域使用一个 IP 地址的一个字节值来代表一个子域，这样反向域 in-addr.arpa 就被划分为 256 个子域，每个子域代表该字节的一个可能值 0～255。根据同样的方法，又可以将每一个子域进一步划分为 256 个子域。这样，可以对每个子域继续划分，直到将全部的地址空间都在反向域中表示出来。

2）DNS 名称的解析方法

主要有两种：一是通过 HOSTS 文件解析；二是通过 DNS 服务器解析。

（1）HOSTS 文件。

这是最初的一种查询方式，它是由人工进行输入、删除、修改所有 DNS 名称与 IP 地址对应数据。显然网络较大时是不适用的。在 Windows 2003 中，HOSTS 文件位于%SYSTEMROOT%\System32\Drivers\Etc 目录中。是一个纯文本文件。

（2）DNS 服务器：目前最常用的。

DNS 服务器主要有四种类型：主 DNS 服务器、辅助 DNS 服务器、转发 DNS 服务器和惟缓存 DNS 服务器。

● 主 DNS 服务器

它是特定 DNS 域所有信息的权威性信息源，从域管理员构造本地数据库文件中加载域信息，主 DNS 服务器保存着自主生成的区域文件夹，该文件是可读可写的，当 DNS 域中的信息发生变化时，都会保存到主 DNS 服务器的区域文件中。

● 辅助 DNS 服务器

它可以从主 DNS 服务器中复制一整套域信息。区域文件是从主 DNS 服务器中复制生成的，并作为本地文件存储在辅助 DNS 服务器中。这种复制称为区域传输。这个副本是只读的。无法对其进行更改。要更改必须在主 DNS 服务器上进行。在实际应用中辅助 DNS 主要是为了均衡负载和容错。当主 DNS 出现故障，辅助的 DNS 可以转换为主 DNS 服务器。

● 转发 DNS 服务器

转发 DNS 服务器可以向其他 DNS 服务器转发解析请求，当 DNS 服务器收到客户端的解析请求后，它首先会尝试从其本地数据库中查找，若没有找到，则需要向其他指定的 DNS 服务器转发解析请求；其他 DNS 服务器完成解析后会返回解析结果，转发 DNS 服务器将解析结果缓存在自己的 DNS 缓存中，并向客户端返回解析结果。在缓存期内，如果客户端请求解析相同的名称，则转发 DNS 服务器会立即回应客户端；否则将会再次发生转发解析的过程。目前网络中所有的 DNS 服务器均被配置为转发 DNS 服务器，向指定的其他 DNS 服务器或根域服务器转发自己无法解析的请求。

● 缓存 DNS 服务器

可以提供名称解析，但其没有任何本地数据库文件，缓存 DNS 服务器必须同时是转发 DNS 服务器，它将客户端的解析请示转发给指定的远程 DNS 服务器，并从远程 DNS 服务器取得每次解析的结果，并将该结果存储在 DNS 缓存中，以后收到相同的解析请求时就用 DNS 缓存中的结果。DNS 服务器都按这种方式使用缓存中的信息，但缓存服务器则依赖于这一技术实现所有的名称解析，缓存服务器并不是权威性的服务器，因为它提供的所有信息都是间接信息。

提示：①所有的 DNS 服务器都可以使用 DNS 缓存机制响应解析请求，以提高解析效率。②一些域的主 DNS 服务器可以是另一些域的辅助 DNS 服务器。③一个域只能部署一个主 DNS 服务器，它是该域的权威性信息源，另外至少应部署一个辅助 DNS 服务器，将作为主服务器的备份。④配置缓存 DNS 服务器可以减轻主 DNS 服务器和辅助 DNS 服务器的负载，从而减少网络传输。

3）DNS 名称解析的查询模式

（1）递归查询：当收到客户端的递归查询请求后，当前 DNS 服务器只会向 DNS 客户端返回两种信息：要么是在该 DNS 服务器上查询到结果，要么是查询失败，如果当前 DNS 服务器中无法解析名称，它并不会主动告知 DNS 客户端其他可能的 DNS 服务器，而是自行向其他 DNS 服务器查询并完成解析。如果其他 DNS 服务器解析失败，则 DNS 服务器将向 DNS 客户端返回查询失败的消息。递归有来有往。

（2）迭代查询：迭代查询通常在一台 DNS 服务器向另一台 DNS 服务器发出解析请求时使用。如果当前 DNS 收到其他 DNS 服务器发来的迭代查询请求并且未能在本地查询到所需要的数据，则当前 DNS 服务器将告诉发起查询的 DNS 服务器另一台 DNS 服务器的 IP 地址。然后，再由发起查询的 DNS 服务器自行向另一台 DNS 服务器发起查询；以此类推，直

到查询到所需数据为止。如果到最后一台 DNS 服务器仍没有查到所需数据，则通知最初发起查询的 DNS 服务器解析失败。迭代的意思就是若在某地查不到，该地就会告知查询者其他地方的地址，让查询转到其他地方去查。

4）DNS 解析过程

（1）DNS 区域：DNS 服务器是通过区域来管理，并不是通过域为单位管理的。一台 DNS 服务器可以管理一个或多个区域。而一个区域也可以由多台 DNS 服务器来管理。

（2）主要区域、辅助区域和存根区域。

（1）主要区域：一个区域的主要区域是建立在该区域的主 DNS 服务器上，主要区域的数据库文件是可读可写的，所有针对该区域的添加、修改和删除等写入操作都必须在主要区域中进行

（2）辅助区域：一个区域的辅助区域建立在该区域的辅助 DNS 服务器上。辅助区域数据库文件是主要区域数据库文件的副本，需要定期地通过区域传输从主要区域中复制以获得更新。辅助区域的主要作用是均衡 DNS 解析的负载以提高解析效率，同时提供容错能力。必要时可将辅助区域转换为主要区域。

（3）存根区域。

5）资源记录

每个区域数据库文件都是由资源记录构成的。主要有 SOA 记录、NS 记录、A 记录、CNAME 记录、MX 记录和 PTR 记录。

标准的资源记录具有其基本格式：

> [name]　[ttl]　IN　type　rdata

- name：名称字段，此字段是资源记录引用的域对象名，可以是一台单独的主机也可以是整个域。字段值："."是根域，@是默认域，即当前域。
- ttl：生存时间字段，它以秒为单位定义该资源记录中的信息存放在 DNS 缓存中的时间长度。通常此字段值为空，表示采用 SOA 记录中的最小 TTL 值。
- IN：此字段用于将当前湖泊记录标识为一个 INTERNET 的 DNS 资源记录。
- type：类型字段，用于标识当前资源记录的类型。资源记录类型：A，即是 A 记录，又称主机记录，是 DNS 名称到 IP 地址的映射，用于正向解析。CNAME：CNAME 记录，也是别名记录，用于定义 A 记录的别名。MX：邮件交换器记录，用于告知邮件服务器进程将邮件发送到指定的另一台邮件服务器（该服务器知道如何将邮件传送到最终目的地）。NS：NS 记录，用于标识区域的 DNS 服务器，即是说负责此 DNS 区域的权威名称服务器，用哪一台 DNS 服务器来解析该区域。一个区域有可能有多条 ns 记录，如 zz.com 有可能有一个主服务器和多个辅助服务器。PTR：是 IP 地址到 DNS 名称的映射，用于反向解析。SOA：用于一个区域的开始，SOA 记录后的所有信息均是用于控制这个区域的，每个区域数据库文件都必须包含一个 SOA 记录，并且必须是其中的第一个资源记录，用于标识 DNS 服务器管理的起始位置，SOA 说明能解析这个区域的 dns 服务器中哪个是主服务器。
- radata：数据字段用于指定与当前资源记录有关的数据，数据字段的内容取决于类型字段。

3.4 实操训练

3.4.1 实训任务一 配置三层交换机

【任务描述】

公司有一台三层交换机，要求你测试该交换机的三层功能是否正常。

【知识准备】

最简单的以太网通常由一台集线器（或交换机）和若干台计算机组成。随着计算机数量的增加、网络规模的扩大，在越来越多的局域网环境中，交换机取代了集线器，多台交换机互连取代了单台交换机。

在多台交换机局域网环境中，交换机级联、堆叠和集群是 3 种重要技术。级联技术可以实现多台交换机之间互连；堆叠技术可以将多台交换机组成一个单元，从而提高更大端口密度和更高的性能；集群技术可以将相互连接的多台交换机作为一个逻辑设备进行管理，从而大大降低了网络管理成本，简化管理操作。

【网络拓扑】

三层交换机直连计算机的网络拓扑如图 3-1 所示。

图 3-1 三层交换机直连计算机的网络拓扑

【任务目标】

认识、配置三层交换机，实现三层交换机的路由功能。

【设备清单】

三层交换机（2 台）、计算机（≥2 台）、网线（若干根）。

3.4.2 实训任务二 利用三层交换机实现不同 VLAN 间通信

【任务描述】

某企业有 2 个主要部门：销售部和技术部，其中销售部门的个人计算机系统分散连接在 2 台交换机上，它们之间需要相互进行通信，销售部和技术部也需要进行相互通信，现要在交换机上做适当配置来实现这一目标。

【知识准备】

最简单的以太网通常由一台集线器（或交换机）和若干台计算机机组成。随着计算机数量的增加、网络规模的扩大，在越来越多的局域网环境中，交换机取代了集线器，多台交换机互连取代了单台交换机。

在多台交换机局域网环境中，交换机级联、堆叠和集群是 3 种重要技术。级联技术可以

实现多台交换机之间互连；堆叠技术可以将多台交换机组成一个单元，从而提高更大端口密度和更高的性能；集群技术可以将相互连接的多台交换机作为一个逻辑设备进行管理，从而大大降低了网络管理成本，简化管理操作。

【网络拓扑】

三层交换机实现 VLAN 间通信的网络拓扑如图 3-2 所示。

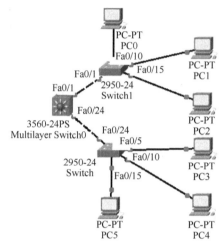

图 3-2　三层交换机实现 VLAN 间通信的网络拓扑

【任务目标】

使在同一 VLAN 里的计算机系统能跨交换机进行相互通信，而在不同 VLAN 里的计算机系统也能进行相互通信。

【设备清单】

三层交换机 1 台、二层交换机 2 台、PC 6 台、网线（若干根）。

3.4.3　实训任务三　通过链路聚合技术提高网络可靠性

【任务描述】

某公司连接销售部和商务部的交换机，为了获得和网络中心交换机连接的高带宽，在交换机和和交换机之间连接上，希望使用双链路连接，以实现链路冗余技术，提高公司内部网络的高可用性。同时，在骨干连接上，还希望使用链路聚合技术，获得骨干连接链路连接的高带宽。

【知识准备】

在局域网应用中，由于数据通信量的快速增长，千兆位带宽对于交换机到交换机之间骨干链路连接可用性往往不够高，于是出现了将多条物理链路当作一条逻辑链路使用的链路聚合技术。链路聚合技术又称主干技术（Trunking）或捆绑技术（Bonding）。

链路聚合是将两个或更多数据信道结合成一个单个的信道，该信道以一个单个的更高带宽的逻辑链路出现。链路聚合一般用来连接一个或多个带宽需求大的设备，其实质是将两台设备间的数条物理链路"组合"成逻辑上的一条数据通路，称为一条聚合链路 AP1。该链路在逻辑上是一个整体，在物理上是由交换机之间物理链路 Link 1、Link2 和 Link3 聚合而成，内部的组成和传输数据的细节，对普通用户来说都是透明的。

对于交换机而言，聚合链路是将交换机上的多个物理上连接的端口在逻辑上捆绑在一起，形成一个拥有较大宽带的端口，形成一条干路，可以实现均衡负载，并提供冗余链路。如果说每条链路相当于一条车道的话，聚合端口就是一条 N 车道的高速公路。

链路聚合可以把多个端口的带宽叠加起来使用，如全双工快速以太网端口形成 AP 最大可以达到 800Mbps，而千兆以太网接口形成 AP 最大可以达到 8Gbps，如图 3-3 所示。

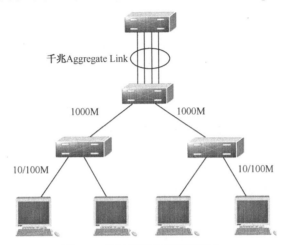

千兆Aggregate Link

1000M　　1000M

10/100M　　10/100M

图 3-3 骨干链路之间链路聚合

从上面可以看出，链路聚合具有如下一些显著的优点：

● 提高链路可用性

链路聚合中，成员互相动态备份。当某一条链路中断时，其他成员能够迅速接替其工作。与生成树协议不同，链路聚合启用备份的过程对聚合之外是不可见的，而且启用备份过程只在聚合链路内，与其他链路无关，切换可在数毫秒内完成。

● 增加链路的容量

聚合技术另一个明显优点是为用户提供一种经济提高链路传输率的方法。通过捆绑多条物理链路，用户不必升级现有设备就能获得更大带宽数据链路，其容量等于各物理链路容量之和。聚合模块按照一定算法将业务流量分配给不同成员，实现链路级负载分担功能。

● 提高链路可靠性

链路聚合的另一个主要优点是可靠性。链路聚合技术在点到点链路上提供了固有的、自动的冗余性。如果链路使用的多个端口中的一个出现故障，网络传输的数据流可以动态、快速转向链路中其他工作正常端口进行传输。

由 IEEE802 委员会制定的 IEEE 802.3ad 链路聚合标准，定义了如何将两个以上的千兆位以太网连接组合起来，为高带宽网络连接实现负载共享、负载平衡，以及提供更好的可伸缩性服务。由于在链路聚合技术的支持下，网络传输的数据流被动态地分布到加入链路的各个端口，因此，在聚合链路中自动地完成了对实际流经某个端口的数据管理。

【网络拓扑】

如图 3-4 网络拓扑是在交换机和交换机之间连接上使用双链路连接和链路聚合技术，获得骨干链路高带宽连接场景。

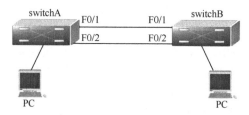

图 3-4　双链路连接和链路聚合技术连接拓扑

【任务目标】

实现链路聚合技术，提供冗余备份链路，提高高可用性。

【设备清单】

交换机（2 台）、计算机（≥2 台）、双绞线（若干根）。

3.4.4　实训任务四　通过生成树技术优化办公网络

【任务描述】

王先生所在的公司今年新招了一批员工，需要为这些新入职员工配置计算机，接入公司销售部的网络，共享公司销售信息资料。因此，公司需要扩展销售部网络，增加一台交换机，和销售部原来的交换机直接连接，实现销售部门网络的互联互通。

为了实现销售部办公网多交换机之间连接的稳定性，在交换机和交换机之间连接中希望使用双链路连接，实现链路冗余技术，提高公司销售部办公网网络高可靠性。

【知识准备】

传输链路的备份是提高网络系统高可用性的另一重要方法。在目前常用的技术中，以生成树技术（STP）和链路聚合（Link Aggregation）技术应用最为广泛。链路聚合技术提供了传输线路内部的冗余机制，链路聚合成员彼此互为冗余和动态备份。而生成树协议提供了链路间的冗余方案，允许交换机间存在多条链路作为主链路的备份。

由于网络中点对点的连接，会造成网络的稳定性不高。因此，在以太网规模扩展中，为了提高网络连接高可用性，经常需要提供链路的冗余性。以太网链路之间的冗余，可以防止整个交换网络因为单点故障而中断，如图 3-5 所示。

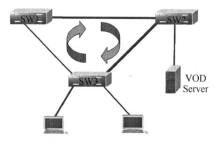

图 3-5　交换网络中冗余带来健全性、稳定性和可靠性

网络中，一台设备能够将数据包转发给网络中所有其他站点的技术称为广播。因为以太网的广播传输机制，二层交换机在接收广播帧时将执行泛洪，当网络中存在环路时就会产生

广播风暴。广播风暴（大量的泛洪帧）可能会迅速导致网络中断，如图3-6所示。

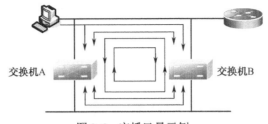

图3-6 广播风暴示例

在一些较大型的网络中，当大量广播流（如 MAC 地址查询信息等）同时在网络中传播时，便会发生数据包的碰撞。而网络试图缓解这些碰撞并重传更多的数据包，结果导致全网的可用带宽减少，并最终使得网络失去连接而瘫痪，这一过程被称为广播风暴。

为解决冗余链路引起以上这些问题，IEEE 通过 IEEE 802.1d 生成树协议很好地解决了以太网由于网络扩展而带来的广播风暴。STP 协议基本思想十分简单，如同自然界中生长的树是不会出现环路的，网络如果也能够像一棵树一样连接就不会出现环路了。

STP 协议的主要思想就是当网络中存在备份链路时，只允许主链路激活，如果主链路因故障而被断开后，备用链路才会被打开。IEEE 802.1d 生成树协议（Spanning Tree Protocol）检测到网络上存在环路时，自动断开环路链路。当交换机间存在多条链路时，交换机的生成树算法只启动最主要的一条链路，而将其他链路都阻塞掉，将这些链路变为备用链路。当主链路出现问题时，生成树协议将自动起用备用链路接替主链路的工作，不需要任何人工干预。

IEEE 802.1d 协议通过在交换机上运行一套复杂算法，使冗余端口置于"阻塞状态"，只有一条链路生效。而当这条链路出现故障时，IEEE 802.1d 协议将重新计算网络最优链路，将处于"阻塞状态"端口重新打开，从而确保网络连接稳定可靠。

IEEE 802.1d 协议虽然解决了链路闭合引起循环问题，不过生成树的收敛过程需要的时间比较长，约 50s。在人们对网络的依赖性越来越强的当今时代，50s 的网络故障足以带来巨大损失，因此，IEEE 802.1d 协议已经不能适应现代网络的需求。

IEEE802.1w 在 IEEE802.1d 基础上做了重要改进，使得收敛速度快得多（最快 1s 以内），因此，IEEE802.1w 又称快速生成树协议（Rapid Spanning Tree Protocol ，RSTP）。

【网络拓扑】

如图 3-7 所示拓扑，是在交换机和和交换机间连接中使用双链路，实现链路冗余技术的网络拓扑。

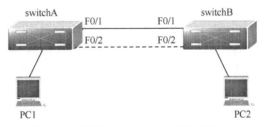

图3-7 链路冗余生成树技术工作场景

【任务目标】

实现交换机和交换机之间连接稳定性，测试冗余链路给网络带来风暴，验证生成树技术给网络提供可靠性。

【设备清单】

交换机（2 台）、计算机（≥2 台）、网线（若干根）。

3.4.5 实训任务五 配置 DHCP 服务器

【任务描述】

学校机房新购置了 75 台计算机，考虑到为每台计算机手动配置 IP 地址很烦琐，想通过在局域网中配置一台 DHCP 服务器，让 DHCP 服务器自动为 75 台客户机分配 IP 地址。现在规划机房如下：

（1）把这 75 台 Windows XP 计算机配置为 DHCP 客户机。

（2）在局域网中配置一台 DHCP 服务器。

（3）在 DHCP 服务器上创建一个作用域，为这些客户机分配 IP 地址（假设 IP 地址范围是 210.43.23.100～210.43.23.180。

（4）如果在这个局域网中已经有 5 台计算机分别配置了 210.43.23.110～210.43.23.115 的地址，那么如何在作用域中排除这些 IP 地址。

（5）该局域网中有一台计算机（假设它的 MAC 地址为 00-05-5D-73-E3）需要作为公司内部的 Web 服务器，因此，希望它总是获得 210.43.23.168 的地址，应该如何为其设置 IP 地址的保留？

（6）分配地址的同时分配网关 210.43.23.254，DNS 地址为 210.43.23.23。

【知识准备】

DHCP（动态主机配置协议）的主要作用是通过对 IP 地址进行集中配置和管理来实现 IP 地址的动态分配，从而解决 IP 地址不足和 TCP/IP 配置时的繁琐和复杂等问题。简而言之 DHCP 的主要功能是，对 TCP/IP 子网的所有 IP 地址及其相关配置参数都存储在 DHCP 服务器的数据库中，从而实现对 IP 地址的集中管理。

要使用 DHCP 方式动态分配 IP 地址，整个网络必须至少有一台安装了 DHCP 服务的服务器。其他使用 DHCP 功能的客户端也必须支持自动向 DHCP 服务器索取 IP 地址的功能。当 DHCP 客户机第一次启动时，它就会自动与 DHCP 服务器通信，并由 DHCP 服务器分配给 DHCP 客户机一个 IP 地址，直到租约到期（并非每次关机释放），这个地址就会由 DHCP 服务器收回，并将其提供给其他的 DHCP 客户机使用。

动态分配 IP 地址的一个好处，就是可以解决 IP 地址不够用的问题。因为 IP 地址是动态分配的，而不是固定给某个客户机使用的，所以，只要有空闲的 IP 地址可用，DHCP 客户机就可从 DHCP 服务器取得 IP 地址。当客户机不需要此地址时，就由 DHCP 服务器收回，并提供给其他的 DHCP 客户机使用。

动态分配 IP 地址的另一个好处，用户不必自己设置 IP 地址、DNS 服务器地址、网关地址等网络属性，甚至绑定 IP 地址与 MAC 地址，不存在盗用 IP 地址问题，因此，可以减少管理员的维护工作量，用户也不必关心网络地址的概念和配置。

【任务目标】

为学校新购进的 100 台计算机动态分配 IP 地址，减轻网络管理员的负担。

【设备清单】

（1）一台安装了 Windows 2003 Server 的计算机作为 DHCP 服务器。

（2）多台 Windows XP、Windows 2000 Professional 或 Server 作为 DHCP 客户端。

（3）Windows 2003 Server 安装 ISO 映象文件（安装 DHCP 服务器用）。

3.4.6 实训任务六 配置 DNS 服务器

【任务描述】

企业事业单位都有内部的局域网，网络内部都配备相关的服务器（如 Web、FtP 等服务器）。内部网络的用户都希望所有的服务器都用域名来访问，网络管理员可以采用在内部搭建 DNS 服务器的方式来实现。

【知识准备】

DNS（域名系统，Domain Names System）是 TCP/IP 中用于实现层次型名字管理的机制，是 TCP/IP 主机的静态层次结构名称的服务。DNS 包括概念上两个相互独立的方面：抽象方面，它规定名字语法及名字管理特权的分派规则；具体方面，它描述高效名字/地址映射分布式计算机系统的实现。DNS 的工作任务是在计算机主机名与 IP 地址之间进行映射，工作过程如图 3-8 所示。

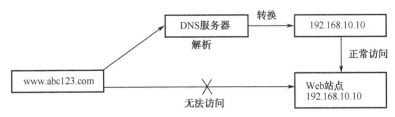

图 3-8 用域名访问 Web 站点的过程图

【任务目标】

（1）现在要求在企业的内部构建一台 DNS 服务器，为局域网中的计算机提供域名解析服务。

（2）DNS 服务器管理 jypc.org 域的域名解析，DNS 的 IP 为 192.168.29.10。

【网络拓扑】

DNS 服务器工作场景如图 3-9 所示。

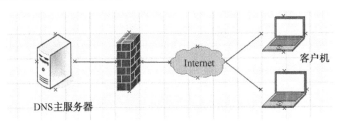

图 3-9 DNS 服务器工作场景

【设备清单】 一台安装有 Windows 操作系统的计算机。

3.5　岗位模拟

某公司共 3 栋楼，1 号，2 号，3 号，每栋楼直线相距为 100m。

1 号楼：3 层，为行政办公楼，20 台计算机，分散分布。

2 号楼：5 层，为产品研发部，供销部，30 台计算机。其中 20 台集中在三楼研发部的设计室中，专设一个机房，其他 10 台分散分布。这里要求供销部的计算机能够连接 Internet，单位生产的产品信息能向网上发布，其他的一律不能上网。

3 号楼：5 层，为生产车间，每层一个车间，每个车间 3 台计算机，共 15 台。

未来的 3～5 年，单位计算机会增加到 150 台左右，主要增加在 2 号楼的研发部，计划该部门增加两间专用机房用于新产品的研发和设计。

3.6　巩固提高

（1）DNS 解析和 Hosts 有何不同？

（2）如何在局域网中实现 DNS 服务？

（3）如何在 Windows 2003 Server 中创建主要区域及其记录？

（4）如何在 Windows 2003 Server 中创建反向区域及其记录？

（5）如何利用所掌握的知识解决实际中可能出现的问题？

（6）建立 WWW、FTP 服务器时，需要在 DNS 服务器中建立哪些资源？

（7）在 Windows 2003 Server 上安装 DHCP 服务，要求能够应用。

（8）练习 DHCP 客户端设置。

（9）从实际出发练习创建作用域、配置 DHCP 服务器选项。

（10）熟练查看客户端 TCP/IP 配置。

（11）结合实际练习配置 DHCP 服务保留 IP 选项。

（12）练习在一个小型局域网中应用 DHCP 服务器。

项目四

构建路由网络

4.1 岗位任务

使用路由设备，连接多个分散的子网络，通过直连路由技术，实现分散的不同子网系统之间互连互通。

4.2 教学目标

（1）熟练配置路由器设备。
（2）掌握直连路由实现子网间通信的设置方法。
（3）掌握利用路由器实现不同 VLAN 间通信的方法；
（4）掌握安装 Windows 2003 Server 服务器。
（5）配置 Windows 2003 Serve 的网络服务。
（6）掌握 Web 服务器的搭建与配置。
（7）掌握 FTP 服务器的搭建与配置。

4.3 知识背景

4.3.1 路由基础知识

1. 路由

路由就是指通过相互连接的网络，把数据从源地点转发到目标地点的过程。一般来说，数据在网络中路由的过程至少会经过一个或多个中间节点。路由技术发生在 OSI 模型的第三层（网络层）。

2. 路由的组成

路由包含两个基本的动作：确定最佳路径和通过网络传输信息。在路由的过程中，后者又称（数据）交换。交换相对来说比较简单，而选择路径很复杂。

1）路径选择

metric 是路由算法用于确定到达目的地的最佳路径的计量标准，如路径长度。为了帮助选路，路由算法初始化并维护包含路径信息的路由表，路径信息根据使用的路由算法不同而不同。

路由算法根据许多信息来填充路由表。目的/下一跳地址对告知路由器到达该目的的最佳方式是把分组发送给代表"下一跳"的路由器，当路由器收到一个分组，它就检查其目标地址，尝试将此地址与其"下一跳"相联系。

路由表还可以包括其他信息。路由表比较 metric 以确定最佳路径，这些 metric 根据所用的路由算法而不同，下面将介绍常见的 metric。路由器彼此通信，通过交换路由信息维护其路由表，路由更新信息通常包含全部或部分路由表，通过分析来自其他路由器的路由更新信息，该路由器可以建立网络拓扑细图。路由器间发送的另一个信息例子是链接状态广播信息，它通知其他路由器发送者的链接状态，链接信息用于建立完整的拓扑图，使路由器可以确定最佳路径。

2）交换

交换算法相对而言较简单，对大多数路由协议而言是相同的。多数情况下，某主机决定向另一个主机发送数据，通过某些方法获得路由器的地址后，源主机发送指向该路由器的物理（MAC）地址的数据包，其协议地址是指向目的主机的。

路由器查看了数据包的目的协议地址后，确定是否知道如何转发该包，如果路由器不知道如何转发，通常就将之丢弃。如果路由器知道如何转发，就把目的物理地址变成下一跳的物理地址并向之发送。下一跳可能就是最终的目的主机，如果不是，通常为另一个路由器，它将执行同样的步骤。当分组在网络中流动时，它的物理地址在改变，但其协议地址始终不变。

3. 路由选择算法

路由选择算法就是路由选择的方法或策略。按照路由选择算法能否随网络的拓扑结构或者通信量自适应地进行调整变化进行分类，路由选择算法可以分为静态路由选择算法和动态路由选择算法。

1）静态路由选择算法

静态路由选择算法就是非自适应路由选择算法，这是一种不测量、不利用网络状态信息，仅仅按照某种固定规律进行决策的简单路由选择算法。静态路由选择算法的特点是简单和开销小，但是不能适应网络状态的变化。静态路由选择算法主要包括扩散法和固定路由表法。静态路由是依靠手工输入的信息来配置路由表的方法。

静态路由具有几个优点：减小了路由器的日常开销；在小型互联网上很容易配置；可以控制路由选择的更新。但是，静态路由在网络变化频繁出现的环境中并不会很好的工作。在大型的和经常变动的互联网中，配置静态路由是不现实的。

2）动态路由选择算法

动态路由选择算法就是自适应路由选择算法，是依靠当前网络的状态信息进行决策，从而使路由选择结果在一定程度上适应网络拓扑结构和通信量的变化。

动态路由选择算法的特点是能较好地适应网络状态的变化，但是实现起来较为复杂，开销也比较大。动态路由选择算法一般采用路由表法，主要包括分布式路由选择算法和集中式路由选择算法。分布式路由选择算法是每一个节点通过定期的与相邻节点交换路由选择的状态信息来修改各自的路由表，这样使整个网络的路由选择经常处于一种动态变化的状况。集中式路由选择算法是网络中设置一个节点，专门收集各个节点定期发送的状态信息，然后由该节点根据网络状态信息，动态地计算出每一个节点的路由表，再将新的路由表发送给各个节点。

4. 路由选择协议的分类

动态路由是指路由协议可以自动根据实际情况生成路由表的方法。动态路由的主要优点是，如果存在到目的站点的多条路径，运行了路由选择协议（如 RIP 或 IGRP）之后，当正在进行数据传输的一条路径发生了中断的情况，路由器可以自动选择另外一条路径传输数据。这对于建立一个大型的网络是一个优点。大多数路由选择协议可分成两种基本路由选择协议：

1）距离矢量路由选择协议

计算网络中链路的距离矢量，然后根据计算结果进行路由选择。典型的距离矢量路由选择协议有 IGRP、RIP 等。路由器定期向邻居路由器发送消息，消息的内容就是自己的整个路由表，例如，①到达目的网络所经过的距离；②到达目的网络的下一跳地址。运行距离矢量的路由器会根据相邻路由器发送过来的信息，更改自己的路由表。

2）链路状态路由选择协议

典型的链路状态路由选择协议有 OSPF 等。链路状态路由选择协议的目的是得到整个网络的拓扑结构。运行链路状态路由协议的每个路由器都要提供链路状态的拓扑结构信息，信息的内容包括路由器所连接的网段链路及该链路的物理状态。根据返回的信息，路由器根据网络拓扑结构的变化及时修改路由配置，以适应新的路由选择。

4.3.2 路由器设备

路由器是一种连接多个不同网络或子网段的网络互连设备，如图 4-1 所示。路由器中的"路由"是指在相互连接的多个网络中，信息从源网络移动到目标网络的活动。一般来说，数据包在路由过程中，至少经过一个以上的中间节点设备。路由器为经过其上的每个数据包寻找一条最佳传输路径，以保证该数据有效、快速地传送到目的计算机。

除连接不同子网外，路由器还可以在使用不同协议和体系结构的网络中起桥梁作用，当数据信息从一种网络传输到另外一种类型网络时，路由器接收来自不同类型网络的数据信息，通过分析数据包中携带的信息，阅读、翻译，以使它们能够接收到或者相互"读"懂对方的数据，从而构成所有网络的互联互通。路由器连接不同网段子网络，如图 4-2 所示。

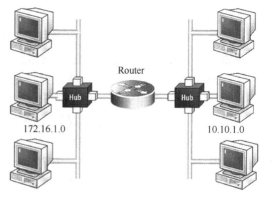

图 4-1　网络层的设备——路由器

图 4-2　路由器连接不同网段子网络

作为不同网络之间连接的枢纽，路由器的另一个作用是选择信息传送的线路。选择通畅快捷的近路，能大大提高通信速度，减轻网络系统通信负荷，节约网络系统资源，提高网络系统畅通率，从而让网络系统发挥出更大的效益来。

1. 路由器设备组成

路由器实际上也是一台特殊的通信计算机，和所有计算机一样，也是由硬件系统和软件系统构成。组成路由器的硬件结构包括内部的处理器、存储器和各种不同类型接口。操作系统控制软件是控制路由器硬件工作的核心，如锐捷路由器中安装 RGNOS 系统。

1）路由器处理器

路由器也包含有一个中央处理器，CPU 的能力直接影响路由器传输数据的速度。路由器 CPU 的核心任务是实现路由软件协议运行，提供路由算法，生成、维护和更新路由表，负责交换路由信息、路由表查找及转发数据包。

随着技术的不断更新和发展，今天路由器中许多工作任务都通过专用硬件芯片来实现，高端路由器中，通常增加一块负责数据包转发和路由表查询的 ASIC 芯片硬件设备，以提高路由器的工作效率，在一定程度上也减轻了 CPU 的工作负担，如图 4-3 所示。

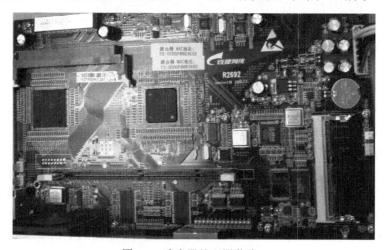

图 4-3　路由器处理器芯片

2）路由器存储器

路由器中使用了多种不同类型存储器，以不同方式协助路由器工作。这些存储器包括只读内存、随机内存、非易失性 RAM、闪存。

● 只读内存 ROM

ROM 是只读存储器，不能修改其中存放的代码。路由器中 ROM 的功能与计算机中的 ROM 相似，主要用于路由器操作系统初始化，路由器启动时引导操作系统正常工作。

● 随机存储器 RAM（Random Access Memory）

RAM 是可读写存储器，在系统重启后将被清除。RAM 运行期间暂时存放操作系统和一些数据信息，包括系统配置文件（Running-config）、正在执行的代码、操作系统程序和一些临时数据，以便让路由器能迅速访问这些信息。

● 非易失性存储器 NVRAM （Non-Volatile Random Access Memory）

NVRAM 也是可读/写存储器，在系统重新启动后仍能保存数据。NVRAM 仅用于保存启动配置文件（Startup-Config），容量小，速度快，成本也比较高。

● 闪存 Flash

闪存是可读写存储器，在系统重新启动后仍能保存数据。Flash 中存放着运行操作系统。

3）路由器接口

接口是路由器连接链路的物理接口，接口通常由线卡提供，一块线卡一般能支持 4、8 或 16 个接口。接口具有的功能：①进行数据链路层数据的封装和解封装；②在路由表中查找输入数据包目的 IP 地址，以转发到目的接口。

路由器具有强大的网络连接功能，可以与各种不同网络进行物理连接，这就决定了路由器的接口非常复杂，越高档的路由器接口种类越多，所能连接的网络类型也越丰富。路由器的接口主要分为局域网接口、广域网接口和配置接口 3 类，如图 4-4 所示。

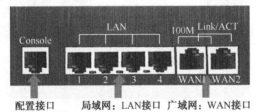

图 4-4　路由器的 3 类接口

● 局域网接口

局域网接口主要用于路由器与局域网连接，主要为常见以太网 RJ-45 接口，如图 4-5 所示，采用双绞线作为传输介质连接网络。

图 4-5　路由器的以太网 RJ-45 接口

● 广域网接口

路由器与广域网连接的接口称为广域网接口（又称 WAN 接口），路由器更重要的应用是提供局域网与广域网、广域网与广域网间连接，常见广域网接口有以下几个。

（1）SC 接口：SC 接口也就是常说的光纤接口，光纤接口一般固化在高档路由器上，普通路由器需要配置光纤模块才具有，如图 4-6 所示。

图 4-6　路由器光纤模块

（2）高速同步串口（Serial）：在和广域网的连接中，应用最多的是高速同步串口，如图 4-7 所示。同步串口通信速率高，要求所连接网络的两端执行同样技术标准。

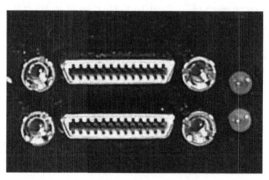

图 4-7　路由器的 Serial 接口

（3）异步串口（ASYNC）：异步串口主要应用于 Modem 的连接，如图 4-8 所示，实现计算机通过公用电话网拨入远程网络。异步接口并不要求网络的两端保持实时同步标准，只要求能连续即可，因此，通信方式简单便宜。

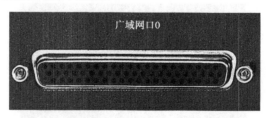

图 4-8　路由器的 ASYNC 接口

● 配置接口

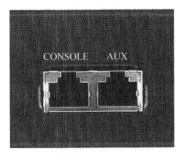

图 4-9　配置接口 Console 和 AUX

路由器的配置接口一般有两种类型，分别是 Console 类型和 AUX 类型，如图 4-9 所示，用来和计算机连接对路由器进行配置。

（1）Console 接口：使用配置线缆连接计算机的串口，利用终端仿真程序，进行本地配置，首次配置路由器必须通过控制台 Console 接口进行。

（2）AUX 接口：AUX 接口为异步接口，与 MODEM 进行连接，用于远程拨号连接远程配置路由器。一般路由器会同时提供 AUX 与 Console 两个配置接口，以适用不同的配置方式。

4.3.3　路由表

在路由器的内部都有一个路由表，这个路由表中包含有该路由器知道的目的网络地址及通过此路由器到达这些网络的最佳路径，如某个接口或下一跳的地址在路由表中，路由器可以依据它进行转发。

当路由器从某个接口中收到一个数据包时，路由器查看数据包中的目的网络地址，如果发现数据包的目的地址不在接口所在的子网中，路由器查看自己的路由表，找到数据包的目的网络所对应的接口，并从相应的接口转发出去。

路由器的主要工作是判断到给定目的地的最佳路径，这些路径的学习可以通过管理员的配置或者通过路由协议实现。路由器在内存（RAM）中保存着一张路由表，该表是关于路由器已知的最佳路由的列表。路由器就是通过路由表来决定如何转发分组的。

为了进行路由，路由器必须知道下面 3 项内容：

● 路由器必须确定它是否激活了对该协议的支持；
● 路由器必须知道目的地网络；
● 路由器必须知道哪个外出接口是到达目的地的最佳路径。

路由器的 IOS 系统中提供 show ip route 命令，用于观察 TCP/IP 路由表细节。

```
Router# show ip route
Codes:      C – connected, S – static,  R – RIP
            O – OSPF, IA – OSPF inter area
            N1 – OSPF NSSA external type 1, N2 – OSPF NSSA external type 2
            E1 – OSPF external type 1, E2 – OSPF external type 2
            * – candidate default
Gateway of last resort is no set
C     172.16.1.0/24 is directly connected, FastEthernet1/0
C     172.16.21.0/24 is directly connected, serial 1/2
S     172.16.2.0/24 [1/0] via 172.16.21.2
```

R　　172.16.3.0/24 [120/2] via 172.16.21.2, 00：00：27, serial 1/2

R　　172.16.4.0/24 [120/2] via 172.16.21.2, 00：00：27, serial 1/2

在显示结果的前几行，列出了路由器用来指明如何学到路由的可能编码。用"C"标注直连网络的 2 条路由、用"S"标注 1 条静态路由和用"R"标注 2 条 RIP 产生的动态路由。路由表中记录执行路由操作所需要的信息，它们由一个或多个路由选择协议进程生成。

路由器自动为所有激活状态 IP 接口（或子网）地址添加路由。除此以外的其他路由，可以使用两种方法来添加：

（1）静态路由：管理员手动定义到一个目的网络或者几个目的网络的路由；

（2）动态路由：根据路由选择协议所定义的规则来交换路由信息，选择最佳路由。

以如下示例中的一条路由条目为例：

R　　172.16.3.0/24　[120/2]　via　172.16.21.2,　00：00：27,　serial 1/2

其中，R 表示 RIP 产生的动态路由；172.16.3.0/24 表示目的网络；120 为管理距离；2 为度量值；172.16.21.2 是去往目的地下一跳的地址；00：00：27 为该路由记录的存活时间；serial 1/2 为去往目的网络关联接口。其中，管理距离是路由信息可信度等级，用 0～255 之间的数值表示，该值越高其可信度越低。不同路由信息默认的管理距离如表 4-1 所示。

表 4-1　不同路由信息默认的管理距离

路由源	默认管理距离
Connected interface	0
Static route out an interface	0
Static route to a next hop	1
OSPF	110
IS-IS	115
RIP v1,v2	120
Unknown	255

在一台路由器中，可能同时配置了静态路由或多种动态路由。它们由各自维护的路由表提供转发，但这些路由表的表项之间可能会发生冲突。这种冲突可通过配置各路由表的优先级来解决，管理距离提供了路由选择优先等级。

4.3.4　配置路由器设备

与交换机一样，路由器对连接网络具有管理性，也主要依赖设备 IOS 操作系统驱动，其连接、配置模式及配置命令和交换机相似。和交换机不一样的是，路由器必须经过配置后才能正常工作。各种不同品牌路由器配置方法虽有所区别，但过程和原理基本相似。

1. 配置路由器的模式

安装在网络中路由器必须进行初始配置，才能正常工作。对路由器设备配置需要借助计算机，如图 4-10 所示，和配置交换机设备一样，一般配置过程有以下 5 种方式：

● 通过 PC 与路由器设备 Console 接口直接相连；
● 通过 Telnet 对路由器设备进行远程管理；
● 通过 Web 对路由器设备进行远程管理；
● 通过 SNMP 管理工作站对路由器设备进行管理；
● 通过路由器 AUX 接口连接 Modem 远程配置管理模式。

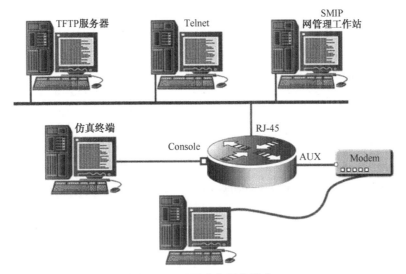

图 4-10   配置路由器的模式

2. 通过带外方式管理路由器

第一次使用路由器，必须通过 Console 接口方式对路由器进行配置。具体的连接过程、启用仿真终端的方法、操作步骤和第三单元通过 Console 接口配置交换机相同。由于该种配置方式不占用设备的资源，因而又称带外管理设备方式。

3. 路由器命令模式

在进行路由器配置时，也有多种不同的配置模式。不同的命令对应不同的配置模式，不同配置模式也代表着不同的配置权限。和交换机设备一样，路由器也同样具有 3 种配置模式：

● 用户模式：Router >

在该模式下用户只具有最低权限，可以查看路由器的当前连接状态，访问其他网络和主机，但不能看到和转发路由器的设置内容。

● 特权模式：Router #

在用户模式的提示符下，输入 enable 命令即可进入特权模式。该模式下用户命令常用来查看配置内容和测试，输入 exit 或 end 即返回到用户模式。

● 配置模式：Router（config）#

在特权模式 Router # 提示符下输入 configure terminal 命令，便出现全局模式提示符。用户可以配置路由器的全局参数。在全局配置模式下产生以下几种子模式：

（1）Router（config-if）#   ！接口配置模式

（2）Router（config-line）#　　　　　! 线路配置模式

（3）Router（config-router）#　　　　! 路由配置模式

正确理解不同的命令配置模式状态，对正确配置路由器非常重要。在任何一级模式下都可以用 exit 命令返回到上一级模式，输入 end 命令直接返回到特权模式。

4. 配置路由器命令

路由器的 IOS 是一个功能强大的操作系统，特别在一些高档路由器中，更具有相当丰富的操作命令，下面介绍路由器的常用操作命令。

（1）配置路由器命令行操作模式转换。

```
Red-Giant>enable                          ! 进入特权模式
Red-Giant#
Red-Giant#configure terminal              ! 进入全局配置模式
Red-Giant（config）#
Red-Giant（config）#interface fastethernet 1/0   ! 进入路由器 F1/0 接口模式
Red-Giant（config-if）#
Red-Giant（config-if）#exit                ! 退回到上一级操作模式
Red-Giant（config）#
Red-Giant（config-if）#end                 ! 直接退回到特权模式
Red-Giant#
```

（2）配置路由器设备名称。

```
Red-Giant# configure terminal
Red-Giant（config）#hostname RouterA       ! 把设备的名称修改为 RouterA
RouterA（config）#
```

（3）显示命令。

显示命令就是用于显示某些特定需要的命令，以方便用户查看某些特定设置信息。

```
Router # show version                     ! 查看版本及引导信息
Router # show running-config              ! 查看运行配置
Router # show startup-config              ! 查看保存在的配置文件
Router # show interface type number       ! 查看接口信息
Router # show ip route                    ! 查看路由信息
Red-Giant#write memory                    ! 保存当前配置到内存
Red-Giant#copy running-config startup-config
 ! 保存配置，将当前配置文件复制到初始配置文件中
```

（4）路由器 A 端口参数的配置。

```
Red-Giant # configure terminal
Red-Giant（config）#hostname Ra
```

Ra（config）#interface serial 1/2	！进行 s1/2 的端口模式
Ra（config-if）#ip address 1.1.1.1 255.255.255.0	！配置端口的 IP 地址
Ra（config-if）#clock rate 64000	！在 DCE 接口上配置时钟频率 64000
Ra（config-if）#bandwidth 512	！配置端口的带宽速率为 512KB
Ra（config-if）#no shutdown	！开启该端口，使端口转发数据

（5）配置路由器密码命令。

Router # configure terminal	
Router（config）# enable password　ruijie	！设置特权密码
Router（config）#exit	
Router # write	！保存当前配置

（6）配置路由器每日提示信息。

Router（config）#banner motd　&	！配置每日提示信息 &为终止符
2006-04-14 17：26：54　@5-CONFIG：Configured from outband	
Enter TEXT message.　End with the character '&'.	
Welcome to RouterA，if you are admin，you can config it.	
If you are not admin，please EXIT	！输出描述信息
&	！输入&符号终止输入

4.3.5　Active Directory 基本概念

1. 目录服务

目录是记载特定环境中一组对象的相关信息，如电话号码簿记载一些地区的电话号码。
目录具有以下特性：
（1）查询性能高；
（2）层次式结构；
（3）能够区分对象，保持名称唯一。
目录服务能够提供查询、新建、删除或修改目录中的对象信息。
目录数据结构：如图 4-11 所示目录树，分为容器对象和非容器对象。

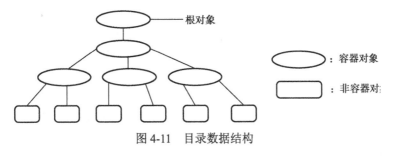

图 4-11　目录数据结构

对象的命名方式：给每一对象以 RDN（Relative Distinguished Name—相对识别名称），在目录树中各对象允许相同的 RDN，但在同一容器中的对象，RDN 不能相同。RDN 加上上层一直到顶所有对象的 RDN 形成 DN，最底层的 RDN 放在 DN 的最左边。例如，"C=US"表示此对象代表国家（Country）与对象名称（US）；"O=FLAG"表示此对象代表机构组织（Organization）与对象名"FLAG"，若是 RDN 为"DC=US"，DC 表示 DOMAIN COMPONENT，OU=PRODUCT 表示此对象代表单位（Organization Unit），CN=FRANKIE KE 表示对象代表一般名称（COMMON NAME）。

提示：目录服务的主流标准——LDAP，即是目录服务遵循的公开标准，让不同的客户端可以访问目录中的信息。就如软考制定出来的报考条件，不同学历的人都可以报考。

2. Active Directory 目录服务

AD 是目录服务中的一种，也是以对象为单位，并采用层次式结构来组织对象。

AD 中的对象有两项特性：（1）GUID（GLOBALLY UNIQUE IDENTIFIER）——全域唯一识别单元，是一组数字来识别。（2）ACL：各对象中都有一份 ACL，ACL 其实是记载着安全性主体（如用户、组、计算机）对对象的写入、读取、审核等的访问权限，如系统管理员有完全控制的权限，而 A 用户只有写入权限。在实际中，可根据需求，下层对象可继承上层的 ACL。

下面来看下 AD 中对象的属性：对象的主要功能就是记载网络上各种资源的相关信息，各对象还具有多重的属性，如一个用户对象的属性存储了 USERPASSWORD，SAMACCOUNTNAME，OBJECTGUID，LASTLOGON……

AD schema（有 AD 结构的意思），把对象进行归类，便出现了不同类的对象具有不同的属性，即是对象类别定义了对象包含的属性。为什么要这样做呢？原因：通过已定义属性对象类别来建立对象，可确保应用这个对象类别所产生的对象皆有相同的属性。例如，先定义好 USER 类别包含属性为"可读"，然后所有用户对象都是根据类别 USER 建立，则这些用户对象便有一组相同"可读"属性。SCHEMA 本身是由"类别"和"属性"两种对象组成，对象类别与对象属性的定义统称为 AD SCHEMA。同一属性可以在许多类别中使用，同一类别也可包含许多不同的属性。就如"青蛙"跟"鸟"这两类一样。它们的同一属性都具有生命。同一鸟类有些会唱歌有些不会。

组织单位 OU（Organizational Unit），AD 层次式树状结构主要是由域组成的，其实为了方便管理区域划分为更小的组织单位 OU，也就是组织单位是一个容器对象，如图 4-12 所示。

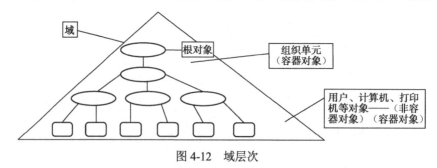

图 4-12　域层次

其实这样做有三个好处：①将域内的资源层次化；②方便设置委派控制，委派控制是指系统管理员可将某组织单位的管理工作委托给指定的用户或组；③方便应用组策略，组策略可以控制计算机与用户的环境，包括安全策略、桌面设置等，系统管理员可以将组策略应用在个别的组织单位。

注意：组策略不是应用于组的。能够应用于站点、域和组织单位，就是不能应用于组。

AD 对象名称：用户是通过 AD 服务来访问目录中对象所对应的资源，所以要正确指定对象名，才能识别。以下为不同名称格式对应不同的场合。

（1）SID（SECURITY ID）安全标识，在 Windows 2003 Server 中，有安全性主体，其中包括用户账户、计算机账户与组 3 种对象，给每个安全性主体一个独一无二的 SID，在每一个对象中的 ACL 就记载了 SID 具有何种权限。

注意：一般管理工作不会直接使用 SID，但注意，如删除某账户后再重新建立同名账户时，新建的账户就不会有原先账户的权限了。这就是因为有着不同的 SID 了，权限设置要通过 SID 来判断身份的。我们经常会复制系统后无法再加入域，就是因为复制的同时 SID 也变得不一样了。

（2）LDAP 名称：分为两类：DN 与 RDN。

DN 与 RDN 如图 4-13 所示。

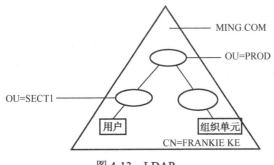

图 4-13　LDAP

用户 RDN：CN=FRANKIE KE。DN：CN=FRANKIE KE，OU=SECT1。OU= PRODUCT，DC=MING，DC=COM，DC=TW。一般很少用 DN 访问对象。

标准名称：简化 DN，如上例标准名称为 MING.COM.TW/PRODUCT/SECT1/FRANKIE KE。

登录名称：用户一般使用两种：UPN（USER PRINCIPLE NAME）和 SAN（SECURYTY ACCOUNT MANAGER）。

- **账户名称 UPN**：在 AD 中，用户和组都可以有个 UPN，格式与 E-MAIL 格式相同便于记忆，如 MING@21CN.COM.用户利用这个来登录域。从中也可以看出缺点，管理员必须为每个用户分配一个独一无二的名称，可是 UPN 并不包含组织单位（OU）的名称，因此，就无法使用域中的层次式管理了。
- **SAM**：各用户对象都有一个 SAM 账户名称，目的是为了与 Windows NT 的域兼容，如上例中的 MING 为 SAM 名称。也可见其同样的缺点。

组在 AD 中的特性：注意这里的组不是组织单位。有以下三个特性：

（1）组可以跨越组织单位：组与 AD 集成，提供更佳的管理弹性，系统管理员可以将隶

属不同组织单位的用户加入同一个组，然后再依旧设置权限。

（2）组为安全性主体：Windows 2003 Server 只能够把用户、组与计算机三者作为安全性主体，注意：就是说 AD 对象只能针对用户、组、计算机来设置权限，无法针对组织单位来设置，可见组的作用是对 AD 的补充。

（3）组为非容器对象：组竟然是 AD 中的非容器对象，那么就会有人问它是怎么包含用户、计算机或者其他对象的呢。事实上从 Windows 2003 Server 域内层次式结构中是看不出哪些用户隶属于什么组的，因此，在 AD 中组与用户彼此间没有从属关系，但实际现实世界中却有，组与用户之间有从属关系，组之间也能够形成某种非层次式嵌套关系，为什么它能够包含用户对象呢？因为组有一项特别的属性 MEMBER，其记录了某个用户对象的 DN，就代表该用户是这个组的成员。

在 Windows 2003 Server 中域一直是最重要的核心地位，但很多人却没弄清楚什么是域。下个简单的定义便是共享同一个 AD 数据库的计算机所构成的集合就是一个域。

（1）域与 AD 的关系：从域角度来看，AD 是由至少一个域所构成的集合，若以 AD 为主角，从 AD 的角度来看，域则是 AD 的分区单位。

（2）AD 是域的集合：AD 可由单一或多重域组成。

（3）域为 AD 的分区单位：域各自存储本身所拥有的 AD 对象，因此，域亦是 AD 中一组对象的集合，或这样说为 AD 的逻辑分区的单位。

（4）域的功能：形成独立的管理单元：即是有独立的账户、网管人员、安全设置、组策略等，域之间可以通过信任关系结合起来；组策略与委派控制的应用单位：即委派控制与组策略也可应用于域或站点上，前面也提到组织单元（OU），它是将域划分为更小的单元进行管理，便可知其两者的关系了；可跨越地域限制：其实域是一个逻辑概念，不同地区都可以加入同一个域中。

（5）域名称：较常见的是 DNS 和 LDAP 两种格式。DNS 这个大家非常熟悉了，在这里就不讲了，注意的是，这里域只是命名方式与 DNS 相同，并非域的定义都和 DNS 相同。LDAP DN 格式：由于域是构成 AD 层次的一部分，因此，对象的 DN 必然会包含对象所在的域名称。AD 利用 DC（DOMAIN COMPONENT）来表示 DNS 名称中的层次。如上例可写成：CN=FRANKIE KE，OU=SECT1，OU=PRODUCT，DC=MING，DC=COM，DC=US。大家可以看到，实际上 DNS 域名称转换成对象 DN 最右边的 3 个元素。

（6）多重域的结构：再重复说一下，域内可由组织单位来形成层次式结构，使域具有更好的可扩展性。多重域即是域树状目录和域林两种结构。域树是由多个域组成，域之间是通过住处信任关系，以层次式加以组织的。注意：域树中的域虽然有层次关系，但这是仅限于命名方式，并不代表上层域对下层域具有管辖的权限。域树中各个域都是独立的管理个体，所以上层域的网管人员与下层域的网管人员基本上是处于平等地位，后面介绍过程中会体现。虽然在现实生活中可能有从属关系，AD 中是没有的。域林是多个域树的集合，通过信任关系通信。建立这样的关系是方便查找。

下面作个域的简单规划，会对域加深了解，达到灵活运用。

1. 单一域：微软的建议，企业应尽可能使用单一域结构，以简化管理的工作

假如 51CTO 公司采用单一域结构。公司内各部门形成组织单位，以便管理，如图 4-14 所示。

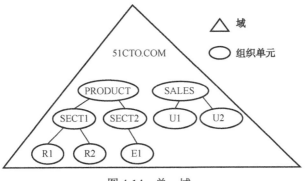

图 4-14　单一域

域树：接上例，假如 PRODUCT 部门因为本身作业的机密性，需要有独立管理权，则可以将 PRODUCT 部门独立成域。因此，该部门即可设置专用的用户账户、安全设置、组策略等。

假设 51CTO 公司并购了 POLICE 公司，并保留 POLICE 已有的 POLICE.COM 域名，且要将新公司加入现有的 AD 中，最理想的方式就是将域 POLICE.COM 与域 51CTO.COM 结合成域林。51CTO.COM 域如图 4-15 所示，域林如图 4-16 所示。

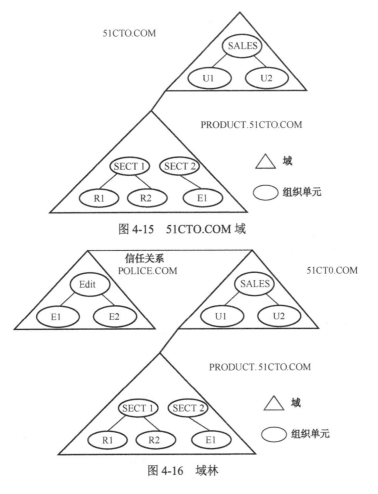

图 4-15　51CTO.COM 域

图 4-16　域林

2. 域控制器 DC（Domain Controller）

各域至少必须有一台 DC，存储此域中的目录信息（AD 对象），并提供相关的服务。在我们安装 Windows 2003 Server 时，默认是独立服务器，可以适时将其升级为 DC，升级时可选择此 DC 加入现有的域，或作为新域中的第一台 DC。也可设置多台 DC，提供容错能力。当修改其中一台 DC 时，DC 之间必须有复制机制，才能维持 AD 数据的一致性。

注意： 同一个域中的 DC 有着相同的数据库，但不同域之间不是全部相同，有一些是相同的。

3. AD 目录的复制

局部复制、利用更新序号（USN）：每台 DC 会选定至少两台相邻的 DC，作为复制伙伴，DC 增加，其他也随着增加。当一台更新后，序号增加，其他便检测得到跟着更新。发生冲突时由 GLOBAL UNIQUE STAMP 判定优先级。

4. 站点（SITE）

站点是高速相连的一组计算机集合，因此，站点从物理角度管理计算机，而域则是共享同一个活动目录的计算机集合，所以域是从逻辑角度管理计算机。微软管理很多大型服务器都使用这种逻辑+物理的方式，例如，Exchange 中的路由组和管理组，因此，千万别问域和站点哪个大，这两者本身不是包含与被包含的关系。

如果域中的计算机都在一个高速网络中，站点的作用倒不是太明显，如果计算机之间有低速连接，那站点就重要了。例如，你们公司的域控制器在北京、上海、广州各有 3 台，北京和上海连接的速度是 2M，北京到广州的速度是 512K，广州到上海的速度是 5M，这时你就要考虑三地之间的 AD 复制了，例如，北京的 AD 发生更改，最理想的结果是先在北京的 3 台 DC 间复制，然后再复制到上海的 3 台 DC，最后再从上海复制到广州的 3 台 DC，这样效率最高。最差的结果就是北京的一台 DC 发生更改后，先复制到广州的一台 DC，然后再从广州的 DC 复制到北京的 DC。这时候如果把北京、上海、广州分为 3 个站点，然后设定 3 个站点间站点链接器的开销，就有助于 KCC 避免这种糟糕的复制拓扑出现。划分站点的好处还很多，例如，避免上海的用户到广州的 DC 去登录等。

补充： 同一个站点 DC 之间的复制是不压缩的，站点与站点之间的复制是经过压缩传输的，压缩到 15%左右。所以要可靠的一组计算机组合才比较合适划站点。这是针对站内来说。但对于站点与站点之间的链路传输速度来讲，如果是低速，那就站点作用起比较重要的作用了。KCC 是保存着整个林的复制拓扑，当有其他服务器加入时会自动更新。

5. 全局编录（GC-GLOBAL CATALOG）

能包含多个站点，若用户查询的对象位于远程站点时，必然会影响查询的效率。GC 包含林中所有对象的部分信息，各站点至少应有一台 GC 服务器，用户 AD 所发出的信号，首先会送到就近的 GC 服务器。通常 GC 服务器即可满足绝大多数的查询。所以网管人员可设置经常访问的对象属性存储在 GC 中。实际上 GC 存储着两类信息：其一，所在域中所有对象的完整信息；其二，其他域中所有对象的部分信息（属性）。注意：GC 是顶级，包含整个林中的对象。其实在我们创建时每一台 DC 会自动建立 GC。

4.3.6 Web 服务器原理

WWW 中的信息资源主要以 Web 文档为基本元素构成。Web 依赖三种机制保证信息资源可被世界范围内的访问者访问：URL、HTTP 和 HTML。可以这样理解，用户通过 URL 定位 Web 资源并利用 HTTP 访问 Web 服务器获取资源。获得后就需要在自己的计算机上显示出来。这就要用 HTML 对 Web 页的内容、格式和 Web 页中的超级链接进行描述。

URL：由访问协议类型、主机名和端口号、文件名 3 部分组成，如 [url]http：//www.landon.com/index.html[/url]。

（1）协议类型：可用的协议类型包括 HTTP、GOPHER、FTP、MAILTO、TELNET、FILE 等。

（2）主机名和端口号：在 URL 中，"//"与"/"之间的部分是服务器的主机名，也可以使用服务器的 IP 地址。在主机名或 IP 地址后面还需要指出服务器所使用的端口号，如 [url]http：//www.landon.com：8888/index.html[/url]。如果没有指出端口号，将使用默认的端口号，如 80。

静态与动态网页如下：

（1）静态网页：静态网页供阅读使用，不用输入任何信息就可以访问，所有人的访问结果都是相同的，即页面内容并不依赖用户输入的数据而改变，通常直接提供给用户的页面称为静态网页，如：*.html 、*.htm 网页。

（2）动态网页：动态网页是需要输入文字或设定选项的网页，它允许用户通过 Web 浏览器与网站交互。例如，某些网站中的反馈意见表和用户申请表等即是一个典型的交互式动态网页的例子。交互的动态网页一般是通过单选按钮、下拉菜单、文本栏或复选框等与用户交互信息。而用户提交的信息将存储在网站后台的数据库中，因此，如果使用动态网页，通常需要在网站后台部署数据库系统。常见的数据库系统包括 SQL SERVER、MYSQL、ORALCE、DB2、POSTGRESQL 等，常见的动态网页文件包括*.asp *.jsp *.php *.pl *.cgi 等。

4.3.7 FTP 服务器相关知识

FTP 的数据传输模式有以下几个方面。

1. 主动传输模式

主动传输模式如图 4-17 所示。

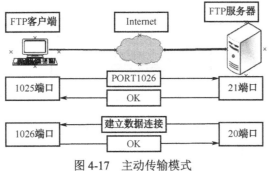

图 4-17 主动传输模式

在主动模式下，FTP 数据连接和控制连接的方向是相反的，也就是说，是服务器向客户端主动发起一个用于数据传输的连接，客户端的连接端口是由服务器端和客户端通过协商确定的。

2. 被动模式

被动模式如图 4-18 所示。

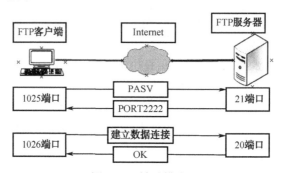

图 4-18　被动模式

在被动模式下，FTP 的数据连接和控制连接的方向是一致的，也就是说，是客户端向服务器发起一个用于数据传输的连接，客户端的连接端口是发起这个数据请求时使用的端口号。当 FTP 客户端在包过滤防火墙之后对外访问 FTP 服务器时，需要使用被动传输模式，因为通常情况下，防火墙允许所有内部向外部的连接通过，但是对于外部向内部发起的连接却存在很多的限制。在这种情况下，客户端可以正常和服务器建立控制连接，而如果使用主动传输模式，LS、PUT 和 GET 等数据传输命令就不能成功运行。简单包过滤防火墙把控制连接和数据传输连接完全分离开处理，因此，很难通过配置防火墙允许主动传输模式的 FTP 数据传输连接通过。而使用被动传输模式一般可以解决此类问题，因为在被动传输模式下，数据连接是由客户端发起的，不过，这要看 FTP 服务器和客户程序是否支持被动传输模式。

3. 单端口模式

单端口模式如图 4-19 所示。

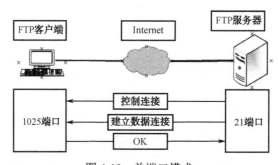

图 4-19　单端口模式

这种模式数据连接请求也是 FTP 服务器发起的，使用这种传输模式时，客户端的控制连接所使用的端口和客户端的数据连接所使用的是一致的。单端口传输模式的最大缺点就是无法在很短的时间之内连续输入数据传输命令，用此模式，必须在客户端程序上使用 SENDPORT 命令关闭 FTP 协议 PORT 控制指令。在客户端程序上使用 PASSIVE 命令关闭被动传输模式。

4.4 实操训练

4.4.1 实训任务一 使用直连路由实现子网连通

【任务描述】

王先生的孩子就读学校是一所职业技术学院。随着国家对职业教育的扶持，招生规模日益扩大。人员的增多也给学校的校园网应用带来压力，特别是 ARP 广播病毒对学校的干扰，已经严重影响了学校网络的正常应用。

学校网络中心为解决校内广播和安全问题，对学校原有的网络进行重新规划，通过划子网方式来隔离网络中广播。校园网改造的过程中，决定使用路由设备连接多个分散的子网络，通过直连路由技术实现分散的不同子网系统之间互连互通。

【知识准备】

路由器中的路由有两种：直连路由和非直连路由。路由器接口所连接的子网的路由方式称为直连路由，使用路由器直接连接的网络之间使用直连路由进行通信。直连路由是在配置完路由器网络接口的 IP 地址后自动生成，因此，如果没有对这些接口进行特殊的限制，这些接口所直连的网络之间就可以直接通信。

直连路由一般是指去往路由器的接口地址所在网段的路径，该路径信息不需要网络管理员维护，也不需要路由器通过某种算法计算获得，只要该接口处于活动状态（Active），路由器就会把通向该网段的路由信息填写到路由表中去。直连路由无法使路由器获取与其不直接相连的路由信息。

【网络拓扑】

如图 4-20 所示网络拓扑，是学校目前网络的工作场景西边连接的是教学区网络，东边连接的是学生宿舍区网络。希望通过直连路由技术，实现分散的不同子网络系统互连互通。

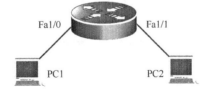

图 4-20 不同子网络工作场景

【任务目标】

通过直连路由技术，实现区域网络的连通。

【设备清单】

路由器（1 台）、网线（若干根）、测试 PC（2 台）。

4.4.2 实训任务二 使用单臂路由实现不同 VLAN 通信

【任务描述】

王先生所在公司楼上是销售部，由于楼上销售部机位不够，因此，销售部中有部分员工计算机不得不连接在客户服务部网交换机端口上。由于两个部门共享一台交换机办公，为避免两个部门之间干扰，保护客户服务部客户信息资源安全，需要把两个部门计算机分隔开，形成两个互不连通、互相不干扰的安全网络。

公司的网络中心，按照部门划分出销售部和服务部两个 VLAN。现在公司希望使用路由设备，连接两个 VLAN，实现二个不同 VLAN 间安全连通。

【知识准备】

单臂路由就是将一个物理端口分为子端口，每个子端口作为一个 VLAN 网关，并进行 VLAN 之间的路由。路由器上实施单臂路由就是用一个物理接口，在该接口上启用子接口，从而虚拟出两个逻辑接口，一个物理接口当成多个逻辑接口来使用，逻辑上对应两个不同 VLAN 网络网关，单臂路由可以通过一个个逻辑子接口，实现物理端口以一当多功能。

VLAN 技术是路由交换中基础技术，通过在交换机上划分 VLAN，不仅能有效隔离广播风暴，还能提高网络安全。不同 VLAN 之间通信只能通过路由或三层交换来实现，单臂路由就是解决 VLAN 间通信的一种廉价而实用的解决方案。单臂路由关键配置在于为端口 f0/1 新增两个逻辑子端口，分别作为 VLAN 10 和 VLAN 20 的网关，同时启用 802.1Q 协议。

【网络拓扑】

如图 4-21 所示网络拓扑是路由设备连接两个 VLAN，实现两个不同 VLAN 间连通场景。

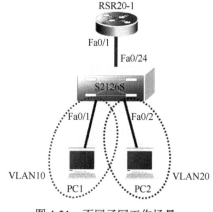

图 4-21 不同子网工作场景

【任务目标】

利用路由器单臂路由技术，实现不同 VLAN 之间的安全通信。

【设备清单】

路由器（1 台）、交换机（1 台）、网线（若干根）、测试 PC（2 台）。

4.4.3 实训任务三 域网络的组织、实现与管理

【任务描述】

北京 51CTO 总公司，建立了一台 DC：域为 landon.com，计算机名为 WIN2003。在上海有个分公司，想让子公司有自己的管理方式，于是在上海建立一个子域：shanghai.landon.com.计算机名为 51CTO。注意：总公司和子公司是两个域来的，不要认为一个域。同样如上例，总公司的 DC、DNS 指向自己。分公司 DNS 指向总公司的 DNS 服务器。下面便来建立子域。

【知识准备】

（1）在规划 Windows 2003 Server 网络环境时，有"工作组"和"域"两种选择。下面先了解下这两个概念的特点：

① 各自为政的网络结构——工作组：一般工作组适用于小型网络。工作组泛指一组以网络相连的计算机，彼此共享对方的资源，有人称是对等式网络。大家可以看到，这样的网络结构下，每部计算机无法代理其他计算机，只能够管理本身的资源。其缺点如下：

● 账户管理较麻烦：网络上有 5 台服务器和 30 台用户，总共就要建立 150 个账号数据，才能够让所有用户能够访问每台服务器的资源，另外，若有任何一台改变，就得修改 5 次才行。

● 要分别设置计算机的安全性：想限制用户的登录时段，则需亲自在每台服务器面前设置。

② 中央集权的网络结构——域：可以这样理解："域"是在网络中挑选一台计算机当作"安全控管"服务器——域控制器，域控制器的账户和安全数据，全部包含在 AD 数据库里。

（2）域中的计算机角色。

① 域控制器。实际上安装了 Windows 2003 Server 系统，而且启用 AD 服务时，即就成为 DC，一般是第一台。DC 主要工作：提供 AD 服务；存储与复制 AD 数据库；管理域中的活动，包括"用户登录"、"身份验证"与"目录查询"等。

② 成员服务器。在安装 Windows 2003 Server 系统时，而且没有安装 AD 和加入域时的计算机，都是成员服务器，如是文件服务器，应用服务器。在这里说一下成员服务器的本地账户，成员服务器上仍有本机的账户数据库，用户也可以利用这些本地账户登录服务器。但对于域安全管理来说，会造成管理上的漏洞，所以尽量不要使用成员服务器的本地账户，仅允许用域的账户来登录。

③ 工作站。很多人也对这个不了解，不知道怎样理解。安装了任何系统而且加入了域的计算机就是工作站。用户可以利用这些工作站，访问域中的资源、执行应用程序等。同样工作站也保留本地账户的数据库，如果用户利用本地账户登录工作站，它能够访问本机的资源，但是无法访问域上的资源。

【任务目标】

（1）掌握安装 Windows 2003 Server 服务器。

（2）配置 Windows 2003 Server 的网络服务。

【设备清单】

（1）一张 Windows 2003 Server 安装光盘、计算机。

（2）一台以上 Windows 2003/XP 工作站。

4.4.4 实训任务四 配置 Web 服务器

【任务描述】

张明从学校毕业，分配至王先生所在公司的网络中心，承担公司网络管理员工作，维护和管理公司中所有的网络设备。新成立的客户服务部办公网组建完成后，为提高信息化水平，需要在组建好的办公网环境中，搭建办公网络内部 Web 服务器，共享客户部中的 Web 信息资源。

【知识准备】

Web 是 World Wide Web 全球广域网（万维网）中的网页信息资源，包含有各类信息。Web 非常流行的一个很重要原因在于它可以在一页上，同时显示色彩丰富图形和文本。在 Web 之前 Internet 上的信息只有文本形式。Web 可以将图形、音频、视频信息集合于一体。同时，Web 非常易于导航，只需要从一个连接跳到另一个连接，就可以在各站点之间页面上进行浏览。无论访问系统平台是什么，都可以通过 Internet 访问 WWW。

为了宣传、推广自己公司业务，很多单位都架设了自己公司内部的 Web 服务器。Web 服务器又称 WWW（World Wide Web）服务器，主要功能是提供网上信息浏览服务，通俗来讲，Web 服务器（Serves）传送页面使浏览器可以浏览。使用最多的 Web Server 服务器软件有两个：微软的信息服务器（IIS）和 Apache。

【网络拓扑】

如图 4-22 所示网络拓扑，是成立的客户服务部办公网组建完成后，为提高信息化水平，需要在组建好的办公网环境中，搭建办公网络内部 Web 服务器的工作场景。

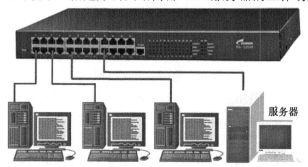

图 4-22 搭建客户服务部办公网内部 Web 服务器工作场景

【任务目标】

学习配置办公网中的 Web 服务器搭建，实现客户服务部网上发布信息的浏览服务。

【设备清单】

交换机（1 台）、计算机（≥2 台，其中一台安装有 Windows 2000 Server（IIS 5.0，FTP））、双绞线（1 根）。

4.4.5 实训任务五 搭建 FTP 服务器

【任务描述】

张明从学校毕业，分配至王先生所在的公司网络中心，承担公司网络管理员工作，维护和管理公司中所有的网络设备。新成立的客户服务部办公网组建完成后，为提高信息化水平，需要在组建好的办公网环境中，搭建办公网络内部FTP服务器，共享客户信息资源。

【知识准备】

FTP（File Transfer Protocol）是文件传输协议的简称。FTP主要的作用就是让用户连接上一个远程计算机（这些计算机上运行着 FTP 服务器程序，并且储存成千上万个非常有用的文件，包括计算机软件、声音文件、图像文件、重要资料、电影等），查看远程计算机有哪些文件，然后把这些文件从远程计算机上复制到本地计算机，或把本地计算机文件送到远程计算机上。

FTP 服务是 Internet 上最早出现的服务功能之一，但是到目前为止，它仍然是 Internet 上最常用也是最重要的服务之一。FTP 是一个通过 Internet 传送文件的系统。FTP 站点或 FTP 服务器，就是允许用户可以查找在它上面存放的文件，并将所要的文件复制到自己的计算机上。大多数这样的站点都是匿名FTP（Anonymous FTP）。匿名就是这些站点允许任何一个用户可以免费地登录到它们的机器上，并从其上复制文件。

FTP 服务的工作原理，以下传文件为例，当用户从客户计算机上启动 FTP 服务，从远程计算机复制文件时，事实上启动了两个程序：一个是本地机上的 FTP 客户程序，它向 FTP 服务器提出复制文件的请求；另一个是启动在远程计算机上的 FTP 服务器程序，它响应客户的请求，把用户指定的文件传送到客户的计算机中。

FTP 采用"客户机/服务器"方式，用户端要在本地计算机上安装 FTP 客户程序。FTP 客户程序有字符界面和图形界面两种。字符界面的 FTP 的命令复杂、繁多。图形界面的 FTP 客户程序，操作上要简洁方便得多。

【网络拓扑】

如图 4-23 所示网络拓扑，是成立的客户服务部办公网组建完成后，为提高信息化水平，需要在组建好的办公网环境中，搭建办公网络内部 FTP 服务器工作场景。

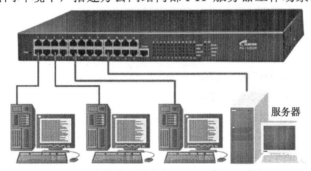

图 4-23　搭建办公网络内部 FTP 服务器工作场景

【任务目标】

学习配置办公网中的 FTP 服务器搭建，实现资料下载，共享网络资源。

【设备清单】

真实计算机 1 台、虚拟机交换机 1 台、虚拟计算机 3 台。

4.5　岗位模拟

图 4-24 为某企业网络拓扑图，接入层采用二层交换机 S2126，汇聚和核心层使用了两台

三层交换机 S3750A 和 S3750B，网络边缘采用一台路由器 R1762 用于连接到外部网络。

为了实现链路的冗余备份，S2126 与 S3750A 之间使用两条链路相连。S2126 上连接一台 PC，PC 处于 VLAN 100 中。S3750B 上连接一台 FTP 服务器和一台打印服务器，两台服务器处于 VLAN 200 中。S3750A 使用具有三层特性的物理端口与 R1762 相连，在 R1762 的外部接口上连接一台外部的 Web 服务器。

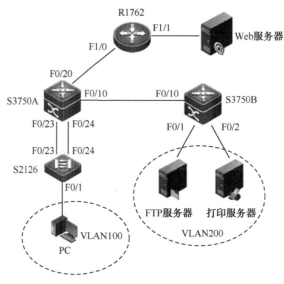

图 4-24 某企业网络拓扑图

拓扑编址：

（1）PC：172.16.100.100/24；

（2）S3750A VLAN 100 接口：172.16.100.1/24；

（3）S3750A VLAN 200 接口：172.16.200.1/24；

（4）S3750A F0/20：10.1.1.2/24；

（5）FTP 服务器：172.16.200.10/24；

（6）打印服务器：172.16.200.20/24；

（7）R1762 F1/0：10.1.1.1/24；

（8）R1762 F1/1：10.1.2.1/24；

（9）Web 服务器：10.1.2.2/24/24。

4.6 巩固提高

（1）设置 Web 站点。

（2）设置 Web 站点的虚拟目录。

（3）设置 FTP 站点。

（4）设置 FTP 站点的安全账号。

项目五

实现校园网互通

5.1 岗位任务

为了更好地实现学校的信息化管理、信息化教学及信息资源共享，必须实现整个校园网络互通；同时为更大范围的资源共享，突出开放式办学特色，学校申请了专线欲将校园网接入 Internet。

5.2 教学目标

（1）熟练静态路由的设置操作。
（2）掌握利用动态路由设置实现校园网络互通。
（3）掌握校园网与外网互连的设置方法。
（4）能够配置 Windows Server 2003 为 VPN 服务。
（5）掌握实现局域网的 Internet 共享（ICS）的方法。
（6）通过 NAT 服务器实现内外网络地址转换。

5.3 知识背景

5.3.1 园区网基础知识

园区网络是局域网的扩展，体现的是更大范围、更多区域的网络之间的互联。"园区"一词指主要的企业位置，由同一个地点中紧密毗邻的一栋或多栋建筑物组成。所有这些大楼和楼层都支持互连，以便通过园区局域网或广域网连接来共享数据中心的资源与服务。

1. 园区网络的职能

园区网络的主要职能：利用有限的投资，建设一个流畅、合理、可满足目前乃至将来可能发生的网络业务需求的园区网，让园区一切可以对外发布的信息上网，让园区的日常事务

处理可以通过网络完成。

2. 园区网络规划和设计

系统规划是园区网络建设的第一阶段，它的任务是根据本单位实际需要和经济技术实力，规划网络建设规模、技术水平、主要应用、投入概算和建设周期，形成一份简明立项书，经领导和专家审定，并报有关部门认可批准后，正式立项。根据项目内容编制任务书，确定合作伙伴，如果项目采取招标方式确定承担者，则将任务书规范化编制成招标文件，经过招标/投标，择优取定合作者，并进行合同谈判，确定建网目标、任务、周期和经费投入。

通过对园区内建筑物分布和人员活动情况调查，确定网络信息点个数，接入网络的计算机台数，调查并统计园区内部有多少栋楼、多少楼层、多少房间，每个房间有多少机器入网，从而计算出信息点数，作为布线的设计依据。根据对网络需求应用的轻重缓急，定出入网的计算机台数，以便进行设备采购和投资预算。如果是行业性网络，按照同样方法把各个单位和部门的信息点数及工作站台数求和，作为全网的设计规模。

园区网络在规划上，也需要按照核心层、汇聚层和接入层3层架构进行规划和设计。

在一个简单的局域网络需求下，网络的结构往往依赖于其布线和其他物理环境的现实情况，一般地，可以将网络简单的划分为核心层和接入层。但随着网络规模的扩大，网络可能分布在数个楼宇内，楼宇间通过光纤连接起来，这个时候，网络的层次化需要加强，网络可以分为楼层接入、大厦汇聚及全网核心3层。

其中园区网核心层的功能主要是实现园区骨干网络之间的优化传输，园区网骨干设计任务的重点通常是冗余能力、可靠性和高速的传输。网络的控制功能最好尽量少在园区网骨干层上实施。核心层一直被认为是所有流量的最终承受者和汇聚者，所以，对园区网核心层的设计及网络设备的选型上要求十分严格。一般园区网核心层设备将占投资的主要部分。

园区网汇聚层基于统一策略提供园区网络互连，汇聚层是核心层和访问层分界点，定义了网络的边界，对数据包进行复杂运算。在园区网络环境中，汇聚层主要提供地址聚集、部门和工作组接入、广播域/多目传输域定义、VLAN 路由、安全控制等功能。

园区网接入层主要功能是为最终用户提供对园区网络访问途径。在园区网络环境中，接入层主要提供资源共享、资源交换、MAC 地址交换等功能。

3. 园区网络 IP 地址规划

在园区网网络规划中，IP 地址方案的设计至关重要，好的 IP 地址方案不仅可以减少网络负荷，还能为以后的网络扩展打下良好基础。

IP 地址用于在网络上标识唯一一台机器。根据 RFC791 定义，IP 地址由 32 位二进制数组成（四个字节），表示为用圆点分成每组 3 位的 12 位十进制数字（xxx.xxx.xxx.xxx），每个 3 位数代表 8 位二进制数（一个字节）。由于 1 个字节所能表示最大数为 255，因此，IP 地址中每个字节可含有 0～255 之间的值。但 0 和 255 有特殊含义：255 代表广播地址；IP 地址中 0 用于指定网络地址号（若 0 在地址末端）或结点地址（若 0 在地址开始）。如 192.168.32.0 指网络 192.168.32.0，而 0.0.0.62 指网络上结点地址为 62 的计算机。

根据 IP 地址中表示网络地址字节数的不同，将 IP 地址划分为 3 类：A 类、B 类、C

类。A 类用于超大型网络（百万结点），B 类用于中等规模网络（上千结点），C 类用于小网络（最多 254 个结点）。A 类地址用第一个字节代表网络地址，后 3 个字代表结点地址。B 类地址用前两个字节代表网络地址，后两个字节表示结点地址。C 类地址则用前 3 个字节表示网络地址，第 4 个字节表示结点地址。

网络设备根据 IP 地址第一个字节来确定网络类型。A 类网络第一个字节的第一个二进制位为 0；B 类网络第一个字节的前两个二进制位为 10；C 类网络第一个字节的前三位二进制位为 110，换成对应的十进制值为 A 类网络地址从 1～127，B 类网络地址从 128～191，C 类网络地址从 192～223，224～239 间的数有时称为 D 类，239 以上的网络号保留。

有时为了方便网络管理，需要将网络划分为若干个网段。为此必须打破传统 8 位界限，从结点地址空间中"抢来"几位作为网络地址。

具体说来，建立子网掩码需要以下两步：
● 确定运行 IP 的网段数；
● 确定子网掩码。

首先，确定运行 IP 的网段数，如网络上有 5 个网段，但只让 3 个网段上的用户访问 Internet，则只有这 3 个网段需要配置 IP。在确定了 IP 网段数后，再确定从结点地址空间中截取几位，才能为每个网段创建一个子网络号。方法是计算这些位数的组合值，如取两位，有四种组合（00、01、10、11），取三位有 8 种组合（000、001、010、011、100、101、110、111）。需要注意的是，在这些组中需除去全 0 和全 1 的组合。因为在 IP 协议中规定了全 0 和全 1 的组合代表了网络地址和广播地址。

假如我们需要将 C 类网络（192.168.123.0）划分为 4 个网段，需要截取结点地址的前 3 位作为网络地址，与之对应的子网掩码就是 255.255.255.244（11111111.11111111.11111111.11100000），将此子网掩码用到地址 192.168.123.0 上得到值。可见，采用以上子网络方案，每个子网络有 30 个结点地址。通过从结点地址空间中截取几位作为网络地址的方法，可将网络划分为若干网段，方便了网络管理。

5.3.2　园区网路由

1. 园区网直连路由

路由器设备必须经过配置以后才能开始工作，需要赋予路由器设备的初始所连接网络的接口地址，才能保证所连接的园区网络的正常通信。

路由器各网络接口所直连的网络之间使用直连路由进行通信，直连路由就是直接和路由器链接的网络，可以是串口或者以太网口的连接。直连路由是在配置完路由器网络接口的 IP 地址后自动生成的，因此，如果没有对这些接口进行特殊的限制，这些接口所直连的网络之间就可以直接通信。一般把这种在路由器接口所连接的子网，直接配置地址的路由方式称为直连路由，直连路由基本功能就是实现邻居的互通，如图 5-1 所示直连路由场景。

在如图 5-1 所示的直连网络场景，路由器的每个接口都必须单独占用一个网段，路由器经过配置如表 5-1 所示的地址信息后，将能够自动激活端口 IP 所在网段的直连路由信息，从而实现这些网段之间的连接。

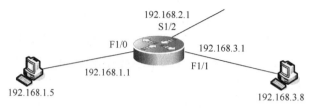

图 5-1　路由器接口所连接网络示例

表 5-1　路由器接口所连接网络地址

接　　口	IP 地址	目　标　网　段
Fastethernet 1/0	192.168.1.1	192.168.1.0
Serial 1/2	192.168.2.1	192.168.2.0
Fastethernet 1/1	192.168.3.1	192.168.3.0

在如图 5-1 所示的网络环境，在路由器设备加电激活后，需要通过配置计算机连接到路由器，为所有接口配置所在网络的接口地址。

```
Red-Giant>enable
Red-Giant#
Red-Giant#configure terminal                        ! 进入全局配置模式
Red-Giant(config)#
Red-Giant(config)#interface fastethernet 1/0         ! 进入路由器 F1/0 接口模式
Red-Giant(config-if) #ip address 192.168.1.1 255.255.255.0   ! 配置接口地址
Red-Giant(config-if) #no shutdown


Red-Giant(config)#interface fastethernet 1/1         ! 进入路由器 F1/1 接口模式
Red-Giant(config-if) #ip address 192.168.3.1 255.255.255.0   ! 配置接口地址
Red-Giant(config-if) #no shutdown


Red-Giant(config)#interface Serial 1/2               ! 进入路由器 Serial 1/2 接口模式
Red-Giant(config-if) #ip address 192.168.2.1 255.255.255.0   ! 配置接口地址
Red-Giant(config-if) #no shutdown


Red-Giant(config-if)#end                             ! 直接退回到特权模式
Red-Giant#
```

通过以上配置操作以后，路由器将为激活的接口自动产生直连路由，192.168.1.0 网络被映射到接口 F1/0 上、192.168.2.0 网络被映射到接口 S1/2 上、192.168.3.0 网络被映射到接口 F1/1 上。相应的路由表可以通过 show ip route 命令查询，如下所示：

```
Router# show ip route                    ! 查看路由器设备的路由表信息
Codes:   C - connected, S - static,   R - RIP
         O - OSPF, IA - OSPF inter area
```

N1 - OSPF NSSA external type 1, N2 - OSPF NSSA external type 2

E1 - OSPF external type 1, E2 - OSPF external type 2

* - candidate default

Gateway of last resort is no set

C   192.168.1.0/24   is directly connected, FastEthernet1/0

C   192.168.2.0/24   is directly connected, serial 1/2

C   192.168.3.0/24   is directly connected, FastEthernet1/1

2. 园区网静态路由

IP 协议是根据路由来转发数据的。路由器中的路由从大的分类来说，共有两种：直连路由和非直连路由。

路由器各网络接口所直连的网络之间使用直连路由进行通信。由两个或多个路由器互连的网络之间的通信使用非直连路由。非直连路由是指人工配置的静态路由或通过运行动态路由协议而获得的动态路由。其中静态路由比动态路由具有更高的可操作性和安全性。

静态路由是在路由器中设置的固定的路由表。除非网络管理员干预，否则静态路由不会发生变化。由于静态路由不能对网络的改变做出反映，一般用于网络规模不大、拓扑结构固定的网络中。静态路由的优点是简单、高效、可靠。在所有的路由中，静态路由优先级最高（管理距离为 0 或 1）。当动态路由与静态路由发生冲突时，以静态路由为准。

静态路由是由网络管理员手工配置的路由信息。当网络的拓扑结构或链路的状态发生变化时，网络管理员需要手工去修改路由表中相关的静态路由信息。静态路由信息在默认情况下是私有的，不会传递给其他的路由器。除非网络管理员干预，否则静态路由不会发生变化。

静态路由是手动添加路由信息，描述转发路径的方式有两种：指向本地接口（即从本地某接口发出）或者指向下一跳路由器直连接口的 IP 地址（即将数据包交给 X.X.X.X）。配置静态路由用命令 ip route，命令格式如下：

> Router(config)# Ip route [网络编号] [子网掩码] [转发路由器的 IP 地址/本地接口]

如图 5-2 所示的网络场景，需要通过静态路由实现网络连通，其路由器设备的配置过程如下。

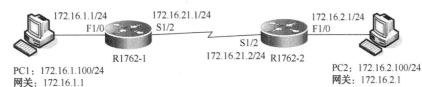

图 5-2   静态路由配置网络场景

R1762-1 设备的配置过程如下：

> Red-Giant#
>
> Red-Giant#configure terminal
>
> Red-Giant(config)#hostname R1762-1

R1762-1 (config)# interface fastethernet 1/0　　! 进入路由器 F1/0 接口模式

R1762-1 (config-if) #ip address 172.16.1.1 255.255.255.0　　! 配置接口地址

R1762-1 (config-if) #no shutdown

R1762-1 (config)#interface Serial 1/2　　! 进入路由器 Serial 1/2 接口模式

R1762-1 (config-if) #ip address 172.16.21.1 255.255.255.0　　! 配置接口地址

R1762-1 (config-if) #clock rate 64000　　! 在 DCE 接口上配置时钟频率 64000

R1762-1 (config-if) #no shutdown

R1762-1 (config-if) #exit

R1762-1 (config)# ip route 172.16.2.0 255.255.255.0 172.16.21.2

　　　　　　　　! 配置到达下一个网络的数据转发路径为下一跳地址

R1762-2 设备的配置过程为：

Red-Giant#

Red-Giant#configure terminal

Red-Giant(config)#hostname R1762-2

R1762-2 (config)# interface fastethernet 1/0　　! 进入路由器 F1/0 接口模式

R1762-2 (config-if) #ip address 172.16.2.1 255.255.255.0　　! 配置接口地址

R1762-2 (config-if) #no shutdown

R1762-2 (config)#interface Serial 1/2　　! 进入路由器 Serial 1/2 接口模式

R1762-2 (config-if) #ip address 172.16.21.1 255.255.255.0　　! 配置接口地址

! 在 DTE 接口上不需要配置时钟频率，注意线缆接口标识

R1762-2 (config-if) #no shutdown

R1762-2 (config-if) #exit

R1762-2(config)# ip route 172.16.1.0 255.255.255.0 172.16.21.1

　　　　　　　　! 配置到达下一个网络的数据转发路径为下一跳地址

　　在所有接口及路由信息配置完成后，分别在 2 台路由器上验证配置生效的结果。使用 show ip route 命令可以完成。以 R1762-1 路由器设备查看结果为例：

R1# show ip route　　　　　　　　　! 查看 R1762-1 路由器设备生成路由表信息

Codes:　C - connected, S - static,　R - RIP

　　　　　O - OSPF, IA - OSPF inter area

　　　　　N1 - OSPF NSSA external type 1, N2 - OSPF NSSA external type 2

　　　　　E1 - OSPF external type 1, E2 - OSPF external type 2

　　　　　* - candidate default

Gateway of last resort is no set

C	172.16.1.0/24 is directly connected, FastEthernet1/0
C	172.16.21.0/24 is directly connected, serial 1/2
S	172.16.2.0/24 [1/0] via 172.16.21.2 ! 静态路由记录

静态路由一种特殊情况是默认路由，配置默认路由的目的是当所有已知路由信息都查不到数据包如何转发时，路由器按默认路由的信息进行转发。路由器如果配置了默认路由，则所有未明确指明目标网络的数据包都按默认路由进行转发。

默认路由的目的网络使用 0.0.0.0/0，用来匹配所有的 IP 地址。配置默认路由命令如下：

> Router #configure terminal
> Router(config)# ip route   0.0.0.0   0.0.0.0   [转发路由器的 IP 地址/本地接口]

Internet 上大约 99.99%的路由器上都存在一条默认路由。在图 5-3 示例中，路由器 R 只有一条路径连接外部网络，这种网络被称为根网络（Stub Network），为了实现 172.16.1.0 所在的网络对外部网络的访问，最合适的方法就是在路由器 R 上配置一条指向 A 的默认路由。在路由器 R 上配置一条默认路由如下：

> router #configure terminal
> router（config）# ip route 0.0.0.0 0.0.0.0 172.16.2.2
>   ! 配置匹配不成功的数据都经过下一跳地址 172.16.2.2 接口转发

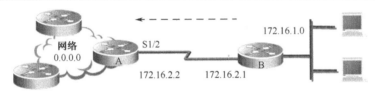

图 5-3 默认路由出现的网络场景

3. 园区网 RIP 动态路由协议

静态路由依赖于管理员为路由器手动添加路由信息，其优点：没有额外 CPU 负担；节约带宽；增加安全性。但缺点也很明显：网络管理员必须了解网络的整个拓扑结构，如果网络发生变化，管理员要在所有的路由器上手动修改路由表，因此，静态路由不适合在大型网络中使用，这时就需要启用动态路由技术。动态路由是由路由器通过配置的动态路由协议，互相之间通过学习，了解发现周围网络路由的过程。

动态路由协议（Routing Protocol）用于路由器动态寻找网络最佳路径，保证所有路由器拥有相同的路由表，一般路由协议决定数据包在网络上的行走路径，这类协议的例子有OSPF、RIP 等路由协议。路由选择协议消息在路由器之间传送，允许路由器与其他路由器通信、生成、更新和维护路由选择表。

路由信息协议（Routing Information Protocols，RIP）是由施乐 Xerox 在 20 世纪 70 年代开发，基于距离矢量算法的路由协议。RIP 通过广播的方式公告路由信息，然后各自计算经过路由器的跳数来生成自己的路由表。生成的路由表信息由目标网络地址、转发路由器地址、经过的路由器数量组成，分别用来表示目标、方向和距离，因此又称距离矢量路由协议。

RIP 路由通过计算抵达目的地的最少跳数来选取最佳路径。在 RIP 协议中，规定了最大跳级数为 15，如果从网络的一个终端到另一个终端的路由跳数超过 15 个，就被认为牵涉到了循环，因此，当一个路径达到 16 跳，将被认为是达不到的，继而从路由表中删除。RIP 的最基本思路是，相邻路由器之间定时广播信息，互相交换路由表，并且只和相邻路由器交换，如图 5-4 所示。

图 5-4　邻居路由器间交换路由表

一台路由器从相邻路由器处学习到新的路由信息，将其追加到自己的路由表中，再将该路由表传递给所有的相邻路由器，按照最新的时间进行刷新。相邻路由器进行同样的操作，经过若干次传递，所有路由器都能获得完整的、最新的网络路由信息，如图 5-5 所示。

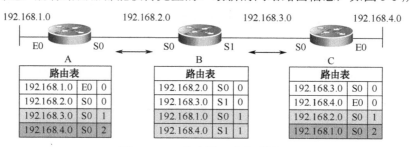

图 5-5　RIP 路由学习路由示例

配置 RIP 路由协议，首先需要创建 RIP 路由进程，并定义与 RIP 路由进程关联的网络，如表 5-2 所示。

表 5-2　配置 RIP 路由协议

命　令	作　用
Router(config)# router rip	创建 RIP 路由进程
Router(config-router)# network network-number	定义关联网络

RIPv1 是 TCP/IP 协议里最早的路由协议，发送的路由更新消息不带子网掩码信息，因此，不支持变长子网掩码和无类域间路由，只能在严格使用 A、B、C 类地址环境中。随着 IP 地址日益缺乏，启用子网掩码地址类型，其后续版本 RIPv2 弥补了 RIPv1 的缺点。

RIPv2 除了更新信息带子网掩码外，还使用组播方式发送更新信息，而不像 RIPv1 使用广播报文。这样不仅节省了网络资源，而且在限制广播报文的网络中仍然可用。RIPv2 也不再像 RIPv1 那样无条件地接收来自于任何邻居的路由更新，而只接收来自于具有相同认证字段邻居的路由更新，提高了安全性。

在路由进程配置模式中执行以下命令可以启动 RIPv2 动态路由协议：

Router(config)# router rip	! 启用 RIP 路由协议
Router(config-router)# version {1 | 2}	! 定义 RIP 协议版本
Router(config-router)# network network-number	

当出现不连续子网或者希望学到具体的子网路由，而不愿意只看到汇总后的网络路由时，就需要关闭路由自动汇总功能。

RIPv2 可以关闭边界自动汇总功能，而 RIPv1 则不支持该功能。

要关闭路由自动汇总，应当在 RIP 路由进程模式中执行以下命令：

| Router(config)# router rip | |
| Router(config-router)# no auto-summary | ! 关闭路由自动汇总 |

5.3.3 使用 ICS 服务器实现共线上网

因特网连接共享 Internet Connection Sharing，英文简称 ICS，中文意思是因特网连接共享。"共享上网"是指让多台计算机共享一个账号或一个 IP 地址实现共同上网。

共享上网有很多种方法可以实现：使用代理服务器、带路由功能的 ADSL Modem，还有用 Windows 系统自带的 ICS（Internet 连接共享）功能。每种实现手段有不同的特点。

1. ICS

ICS 即 Internet 连接共享（Internet Connection Sharing）的英文简称，是 Windows 系统针对家庭网络或小型的办公网络提供的一种 Internet 连接共享服务。ICS 的功能比较简单，容易实现。

2. 代理服务器

代理服务器是侦听请求并执行应答服务的软件。常用的代理服务器有 Microsoft 代理服务器（Proxy 或 ISA Server）、CCProxy、SyGate、WinGate、WinProxy 等。该方式需要有一台配置相对较高的计算机，成本相对较高。

3. 宽带路由器

这是一种专门为宽带接入用户提供共享访问的多物理端口集中连接设备，专门为宽带线路而设计，采用独立的处理器芯片和软件技术来实现共享上网。同时可提供一定的安全措施。

ICS（Internet 连接共享）从广义上讲是一种 NAT 网络地址转换（Network Address Translator）的技术，结合前面所描述的 ICS 工作原理，不难知道，提供 ICS 的计算机，需要有两个可以连接网络的设备（如两块网卡）。一个用来连接 Internet，一个用来连接局域网。

ICS 在配置时需要将与 Internet 连接的那块网卡上设置"共享"，与此同时，另外一块与内部局域网连接的网关的 IP 地址会被自动设置为 192.168.0.1。

Internet 连接共享是 Windows 操作系统的一大功能。通过该功能，只要将局域网中的任意一台计算机连接到 Internet，那么网络中其他计算机也都可以通过该机进行 Internet 连接。这为小型企业和家庭上网提供了极大的方便。提到共享上网，我们很容易想到使用代理服务

器或者是带路由功能的 ADSL Modem，其实我们还有更廉价的选择：①应用 Windows 系统提供的共享上网功能，这里介绍一种简单的共享上网方式"ICS"和"NAT"（NAT 在下一实验重点介绍）；②代理服务器软件实现共线上网，这里介绍 Sygate 代理。

ICS 服务器上安装两块网卡，一个用来连接 Internet，命名为 WAN；一个用来连接局域网，命名为 LAN。ICS 双网卡设置如图 5-6 所示。

图 5-6　ICS 双网卡设置

4. 使用 ICS（Internet 连接共享）

（1）Windows 2000 提供的 ICS 服务为家庭网络或小型办公网络接入 Internet 提供了一个方便经济的解决方案。ICS 允许网络中有一台计算机通过接入设备接入 Internet，要求这台计算机是基于 Windows 2000 的系统，通过启用这台计算机上的 ICS 服务，网络中的其他计算机就可以共享这个连接来访问 Internet 的资源。

为了方便起见，我们将设置了 ICS 服务的计算机称为 ICS 计算机，网络中的其他计算机称为客户机。ICS 计算机为网络中的所有计算机提供网络地址转换，同时它又成为一台 DHCP 分配器和一台代理的 DNS 服务器来提供地址分配和名称解析服务。需要注意的一点是，如果网络中已经存在 DHCP 分配器或 DNS 服务器，那么 ICS 将不会生效。

（2）ICS 是如何工作的？

首先，需要一台计算机（称为主机），该计算机与 Internet 连接并且单独连接到网络中的其他计算机。对 Internet 连接启用 ICS。然后网络中的其他计算机会连接到主机，并通过主机的共享 Internet 连接接入 Internet。

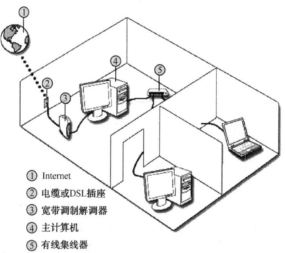

① Internet
② 电缆或 DSL 插座
③ 宽带调制解调器
④ 主计算机
⑤ 有线集线器

图 5-7　使用 Internet 连接共享（ICS）的网络

5.3.4 NAT 技术

网络地址转换（NAT，Network Address Translation）属接入广域网（WAN）技术，是一种将私有（保留）地址转化为合法 IP 地址的转换技术，它被广泛应用于各种类型 Internet 接入方式和各种类型的网络中。原因很简单，NAT 不仅完美地解决了 IP 地址不足的问题，而且还能够有效地避免来自网络外部的攻击，隐藏并保护网络内部的计算机。

1. NAT 概述

NAT（Network Address Translation，网络地址转换）是将 IP 数据包头中的 IP 地址转换为另一个 IP 地址的过程。在实际应用中，NAT 主要用于实现私有网络访问公共网络的功能。这种通过使用少量的公有 IP 地址代表较多的私有 IP 地址的方式，将有助于减缓可用 IP 地址空间的枯竭。

说明：

私有 IP 地址是指内部网络或主机的 IP 地址，公有 IP 地址是指在因特网上全球唯一的 IP 地址。

RFC 1918 为私有网络预留出了如下 3 个 IP 地址块：

● A 类：10.0.0.0～10.255.255.255；
● B 类：172.16.0.0～172.31.255.255；
● C 类：192.168.0.0～192.168.255.255。

上述 3 个范围内的地址不会在因特网上被分配，因此，可以不必向 ISP 或注册中心申请而在公司或企业内部自由使用。

2. NAT 工作流程

（1）如图 5-8 所示的这个 client 的 gateway 设定为 NAT 主机，所以当要连上 Internet 时，该封包就会被送到 NAT 主机，这个时候的封包 Header 之 source IP 为 192.168.1.100。

图 5-8 NAT 流程 1

（2）而透过这个 NAT 主机，它会将 client 的对外联机封包的 source IP（192.168.1.100）伪装成 ppp0（假设为拔接情况），这个接口所具有的公共 IP，因为是公共 IP 了，所以这个封包就可以连上 Internet 了。同时 NAT 主机会记忆这个联机的封包是由哪一个（192.168.1.100）client 端传送来的。Nat 流程 2 如图 5-9 所示。

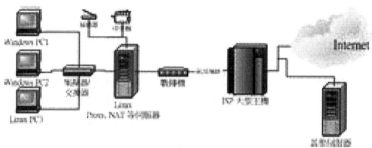

图 5-9　Nat 流程 2

（3）由 Internet 传送回来的封包，当然由 NAT 主机来接收了，这个时候，NAT 主机会去查询原本记录的路由信息，并将目标 IP 由 ppp0 上面的公共 IP 改回原来的 192.168.1.100。

（4）最后则由 NAT 主机将该封包传送给原先发送封包的 Client。

3. NAT 架设需求

由前面 NAT（Network Address Translation）的介绍，我们知道其可以作为频宽分享的主机，当然也可以管理一群在 NAT 主机后面的 Client 计算机。所以 NAT 的功能至少有这两项：

（1）频宽分享：这是 NAT 主机的最大功能。

（2）安全防护：NAT 之内的 PC 联机到 Internet 上面时，它所显示的 IP 是 NAT 主机的公共 IP，所以 Client 端的 PC 当然就具有一定程度的安全了。外界在进行 portscan 时，就侦测不到源 Client 端的 PC。

4. NAT 技术实现方式

NAT 的实现方式有 3 种，即静态转换 Static Nat、动态转换 Dynamic Nat 和端口多路复用 OverLoad。

静态转换是指将内部网络的私有 IP 地址转换为公有 IP 地址，IP 地址对是一对一的，是一成不变的，某个私有 IP 地址只转换为某个公有 IP 地址。借助于静态转换，可以实现外部网络对内部网络中某些特定设备（如服务器）的访问。

动态转换是指将内部网络的私有 IP 地址转换为公用 IP 地址时，IP 地址是不确定的，是随机的，所有被授权访问上 Internet 的私有 IP 地址可随机转换为任何指定的合法 IP 地址。也就是说，只要指定哪些内部地址可以进行转换，以及用哪些合法地址作为外部地址时，就可以进行动态转换。动态转换可以使用多个合法外部地址集。当 ISP 提供的合法 IP 地址略少于网络内部的计算机数量时，可以采用动态转换的方式。

端口多路复用（Port Address Translation，PAT）是指改变外出数据包的源端口并进行端口转换，即端口地址转换（Port Address Translation，PAT），采用端口多路复用方式。内部网络的所有主机均可共享一个合法外部 IP 地址实现对 Internet 的访问，从而可以最大限度地节约 IP 地址资源。同时，又可隐藏网络内部的所有主机，有效避免来自 Internet 的攻击。因此，目前网络中应用最多的就是端口多路复用方式。

5.4 实操训练

5.4.1 实训任务一 使用静态路由实现园区网互通

【任务描述】

王先生的孩子就读的学校，是一所职业技术学院。随着国家对于职业教育的扶持，学校的招生规模日益扩大。学校原有的空间已经无法容纳更多的人员，学校决定扩展校区范围。经过友好协商，学校把附近一墙之隔的一所职业中专学校合并到学院中。

为实现统一管理，共享信息资源，网络中心决定把两个校区网络连接为一个整体。由于新并入学校建有自己的独立网络，使用和学院不同的子网规划地址。网络中心希望在不改变并入中专学校网络现状情况下，通过静态路由实现两个校园网络连通。

【知识准备】

静态路由是指由网络管理员手工配置的路由信息。当网络的拓扑结构或链路的状态发生变化时，网络管理员需要手工去修改路由表中相关的静态路由信息。静态路由信息在默认情况下是私有的，不会传递给其他的路由器。当然，网管员也可以通过对路由器进行设置使之成为共享的。静态路由一般适用于比较简单的网络环境，在这样的环境中，网络管理员易于清楚地了解网络的拓扑结构，便于设置正确的路由信息。

在一个路由器中，可同时配置静态路由和一种或多种动态路由。它们各自维护的路由表都提供给转发程序，但这些路由表的表项间可能会发生冲突。这种冲突可通过配置各路由表的优先级来解决。通常静态路由具有默认的最高优先级，当其他路由表表项与它矛盾时，均按静态路由转发。

大型和复杂的网络环境通常不宜采用静态路由。一方面，网络管理员难以全面地了解整个网络的拓扑结构；另一方面，当网络的拓扑结构和链路状态发生变化时，路由器中的静态路由信息需要大范围调整，这一工作的难度和复杂程度非常高。

【网络拓扑】

如图 5-10 所示网络拓扑，是网络中心决定把两个校区网络连接为一个整体。希望在不改变并入中专学校网络现状情况下，通过静态路由实现两个校园网络连通网络场景。

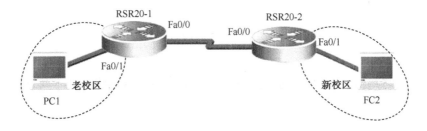

图 5-10 静态路由实现两个校园网络连通网络场景

【任务目标】

采用静态路由技术实现园区网络之间互访，构建互通园区网络，共享园区网资源。

【设备清单】

路由器（2 台）、计算机（≥2 台）、双绞线（若干根）。

5.4.2　实训任务二　使用动态路由实现园区网互通

【任务描述】

王先生的孩子就读的学校，是一所职业技术学院。随着国家对于职业教育的扶持，学校的招生规模日益扩大。学校原有的空间已经无法容纳更多的人员，学校决定扩展校区范围。经过友好协商，学校把附近一墙之隔的一所职业中专学校合并到学院中。

为实现统一管理，共享信息资源，网络中心决定把两个校区网络连接为一个整体。由于新并入学校建有自己的独立网络，使用和学院不同的子网规划地址。网络中心希望在不改变并入中专学校网络现状情况下，通过动态路由实现两个校园网络连通。

【知识准备】

静态路由是指路由表由网络管理人员手动设定的一种路由方式。静态路由的好处是网络寻址快捷，适用于网络变动不大的网络系统。在网络变化频繁出现的环境中并不会很好工作。在大型的和经常变动的互联网，配置静态路由是不现实，因此，需要实施动态路由技术。

动态路由器上的路由表项是通过相互连接的路由器之间交换彼此信息，然后按照一定的算法优化出来的，而这些路由信息是在一定时间间隙里不断更新，以适应不断变化的网络，以随时获得最优的寻路效果。动态路由的好处是对网络变化的适应性强，适用于网络环境变化大的网络系统。动态路由机制的运作依赖路由器的两个基本功能：对路由表的维护和路由器之间适时的路由信息交换。

【网络拓扑】

如图 5-11 所示网络拓扑，是网络中心决定把两个校区网络连接为一个整体。希望在不改变并入中专学校网络现状情况下，通过动态路由实现两个校园网络连通网络场景。

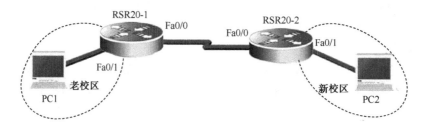

图 5-11　动态路由实现两个校园网络连通网络场景

【任务目标】

采用 RIP 动态路由技术构建园区网络之间互访，实现园区网络互通，共享园区网资源。

【设备清单】

路由器（2 台）、计算机（≥2 台）、双绞线（若干根）、V35 线缆（1 对）（如果缺少 V35 线缆，也可使用普通网线来代替，但需要修改实训中部分配置操作）。

5.4.3 实训任务三 实现园区网络与外网互连

【任务描述】

王先生的孩子就读的学校,是一所职业技术学院。随着国家对于职业教育的扶持,学校的招生规模日益扩大。学校原有的空间已经无法容纳更多的人员,学校决定扩展校区范围。经过友好协商,学校把附近一墙之隔的一所职业中专学校合并到学院中。

为实现统一管理,共享信息资源,网络中心决定把两个校区网络连接为一个整体。由于新并入学校建有自己的独立网络,使用和学院不同的子网规划地址。为了实现校园整体信息化建设的需要,需要把两个分散的校园网连接为一体,并与外网连接,使用 RIP 动态路由技术可以实现子网之间、子网与外网之间的互联互通。

【知识准备】

RIP(Routing Information Protocol)路由协议是一种相对古老、在小型及同介质网络中得到了广泛应用的一种路由协议。RIP 采用距离矢量算法,是一种距离矢量协议。RIP 使用跳数来衡量到达目的地的距离,称为路由量度。在 RIP 中,设备到与它直接相连网络的跳数为0;通过一个设备可达的网络的跳数为1,其余以此类推;不可达网络的跳数为16。

RIP 路由的距离限制在 15 跳范围,超过 15 跳的路由被认为不可达。RIP 路由版本 1 开发较早,不能支持可变长子网掩码(VLSM),导致 IP 地址分配的低效率,此外 RIP 路由版本 1 周期性广播整个路由表,在低速链路及广域网中应用将产生很大问题,收敛速度慢,在大型网络中收敛时间需要几分钟。

一些增强的功能被引入 RIP 的新版本 RIPv2 中,RIPv2 支持 VLSM,认证及组播更新,但 RIPv2 的跳数限制及慢收敛使它仍然不适用于大型网络。

【网络拓扑】

如图 5-12 所示网络拓扑,是把两个分散的校园网连接为一体,并与外网连接,使用 RIP 动态路由技术可以实现子网之间、子网与外网之间的互联互通网络场景。

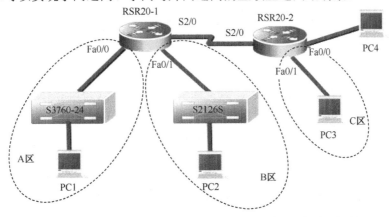

图 5-12 RIP 动态路由实现子网之间、子网与外网之间连通场景

【任务目标】

使用 RIPv2 动态路由技术实现园区子网与外网的互联互通,实现园区网络互通,共享园区网资源。

【设备清单】

路由器（2 台）、三层交换机（1 台）、二层交换机（1 台）、计算机（≥4 台）、双绞线（若干根）、V35 线缆（1 对）（如果缺少 V35 线缆，也可使用普通网线来代替，但需要修改实训中部分配置操作）。

5.4.4 实训任务四 配置虚拟专用网络 VPN 服务连接

【任务描述】

某公司一台两网卡的主机作为 VPN 服务器，VPN 服务器主机名为 VpnServer，连接内部局域网网卡（LAN）IP 地址为 192.168.10.1，连接外部网络网卡（WAN）IP 地址为 172.19.0.147；外网 VPN 客户机主机名为 Client，其 IP 地址 172.19.0.11；内网 VPN 客户机主机名为 LanPC，其 IP 地址：192.168.10.17

【网络拓扑】

网络拓扑图如图 5-13 所示。

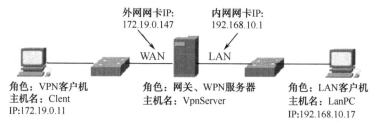

图 5-13 网络拓扑图

【知识准备】

VPN（Virtual Private Network）：虚拟专用网络，是一门网络新技术，为我们提供了一种通过公用网络安全地对企业内部专用网络进行远程访问的连接方式。我们知道一个网络连接通常由 3 个部分组成：客户机、传输介质和服务器。VPN 同样也由这 3 部分组成，不同的是，VPN 连接使用隧道作为传输通道，这个隧道是建立在公共网络或专用网络基础之上的，如 Internet 或 Intranet。

【任务目标】

（1）在 Windows 2003 Server 上安装 VPN 服务器，并配置 VPN 服务器。

（2）在客户端和 VPN 服务器建立连接。

（3）设置远程用户的参数，并创建远程访问策略。

【设备清单】

（1）一台安装 Windows 2003 Server 的计算机作为 VPN 服务器（双网卡）。

（2）两台 Windows XP 或 Windows 2003 Server 作为 VPN 客户端。

5.4.5 实训任务五 局域网 Internet 连接共享

【任务描述】

某公司（a.com）安装配置网络服务器，为该公司建立 Web 网站和 Internet 接入网关。该公司网络由 3 台计算机和 1 台交换机构成,其中,server 作为内网服务器,建有 Web 站;Client 作为内网工作站;xServer 作为网关,配置双网卡;另外,实体机在禁用内网卡后,将作为 Internet(外网)机看待,用于扮演从外网访问公司网站的 Internet 机。

【知识准备】

只要将局域网中的任意一台计算机连接到 Internet,那么网络中其他计算机也都可以通过该机进行 Internet 连接。这为小型企业和家庭上网提供了极大的方便。提到共享上网,我们很容易想到使用代理服务器或者是带路由功能的 ADSL Modem,其实我们还有更廉价的选择:①应用 Windows 系统提供的共享上网功能,这里介绍一种简单的共享上网方式"ICS"和"NAT"(NAT 在下一实验重点介绍);②代理服务器软件实现共线上网,这里介绍 Sygate 代理。

【任务目标】

(1)使用 Windows 2000/2003 的设置 ICS 服务器实现共线上网。

(2)使用 Sygate 代理服务器软件实现共线上网。

【设备清单】

(1)一台双网卡计算机安装 Windows 2000/2003 Server 作为 ICS 服务器实现共享上网。

(2)多台 Windows XP 或 Windows 2003 Server 作为 Internet 共享客户端。

(3)一套 Sygate 代理服务器软件作为共线上网代理服务器。

5.4.6 实训任务六 设置网络地址转换 NAT 服务器

【任务描述】

某公司一台两网卡的主机作为 NAT 服务器,NAT 服务器主机名为 NatServer,连接内部局域网网卡(LAN)IP 地址为 192.168.10.1,连接外部网络网卡(WAN)IP 地址为 172.19.0.147;外网 NAT 客户机主机名为 Client,其 IP 地址为 172.19.0.11;内网 NAT 客户机主机名为 LanPC,其 IP 地址 192.168.10.11。

【网络拓扑】

网络拓扑图如图 5-14 所示。

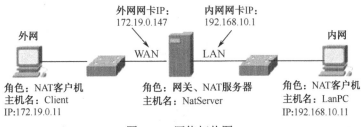

图 5-14 网络拓扑图

【知识准备】

NAT 即网络地址转换(Network Address Translator),其原理主要是指将运行 Windows 2003 Server 的计算机作为 IP 路由器,通过它在局域网和 Internet 主机间转发数据包从而实现 Internet 的共享。NAT 方式又称 Internet 的路由连接。网络地址转换 NAT 通过将专用内部地

址转换为公共外部地址，对外隐藏了内部管理的 IP 地址。这样，通过在内部使用非注册的 IP 地址，并将它们转换为一小部分外部注册的 IP 地址，从而减少了 IP 地址注册的费用，有效地节约合法 IP 地址。同时，这也隐藏了内部网络结构，从而降低了内部网络受到攻击的风险。

【任务目标】

（1）NAT 服务器双网卡的 IP 地址设置。

（2）配置 NAT 服务器。

（3）NAT 客户端内部网络计算机的配置与测试。

（4）在 NAT 服务器上查看地址转换信息。

（5）测试外部 NAT 客户机与 NAT 服务器、内部网络的连通性。

【设备清单】

（1）一台安装 Windows 2003 Server 的计算机作为 NAT 服务器（双网卡）。

（2）两台 Windows XP 或 Windows 2003 Server 作为 NAT 客户端。

5.5 岗位模拟

模拟某企业办公局域网访问互联网 Web 服务器上的资源，并实现全网互联。在局域网中划分 VLAN，客户端 PC 能够对全网的交换机和路由器进行 telnet 远程控制，并禁止 192.168.1.0/24 访问服务器的 Web 服务。

地址规划如图 5-15 所示，192.168.1.0/24 的网关地址为 192.168.1.1，192.168.2.0/24 的网关地址为 192.168.2.1。客户端 1 和客户端 3 处于 VLAN2，客户端 2 和客户端 4 处于 VLAN3。

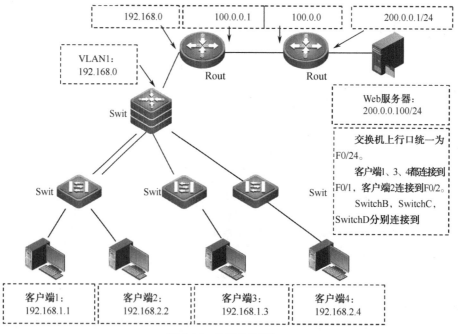

图 5-15　地址规划图

5.6 巩固提高

（1）练习使用 Windows 2003 的 ICS 实现共线上网。

（2）练习使用 Sygate 代理服务器软件实现共线上网。

（3）练习设置 Sygate 功能。

（4）练习 VPN 服务器的安装和配置。

（5）练习 VPN 用户的创建。

（6）练习安装 Windows XP VPN 客户端。

（7）练习安装 Windows 2003 VPN 客户端。

（8）练习 VPN 服务器的基本管理。

（9）练习 VPN 服务的停止和启动。

（10）学会通过 NAT 的工作原理搭建 NAT 的实验环境。

（11）练习 NAT 服务器内外网卡 IP 地址的设置方法。

（12）练习配置 NAT 服务器。

（13）练习 NAT 客户端内部网络计算机的配置与测试。

（14）学会查看 NAT 服务器地址转换信息。

（15）外部网络主机使用远程桌面连接到内部网络主机。

（16）通过掌握 NAT 的工作原理，设置 NAT 服务器实现局域网的 Internet 共享。

项目六

保护办公网安全

6.1　岗位任务

为了更好地实现学校的信息化管理、信息化教学及信息资源共享，进行开放式办学，学校申请了专线欲将校园网接入 Internet。

6.2　教学目标

（1）熟练配置交换机端口安全及控制台安全。
（2）掌握交换机保护端口的设置。
（3）掌握交换机端口镜像项的设置。
（4）掌握主机漏洞扫描、端口扫描、操作系统类型扫描软件的使用方法。
（5）能够通过网络扫描发现对方的信息是否存在漏洞。

6.3　知识背景

6.3.1　网络安全基础知识

计算机网络最早诞生于 20 世纪 50 年代，网络应用也非常简单，网络安全未能引起足够的关注。进入 21 世纪，Internet 需求日益增长，如图 6-1 所示。通过 Internet 进行的各种电子商务业务日益增多，很多组织内部网络与 Internet 联通，网络安全逐渐成为 Internet 进一步发展中的关键问题。

人们越来越多地通过各种网络处理工作、学习、生活，但由于 Internet 的开放性和匿名性特征，未授权用户对网络的入侵变得日益频繁，存在着各种安全隐患，如图 6-2 所示。据统计，目前，网络攻击手段有数千种之多，在全球范围内每数秒钟就发生一起网络攻击事件。

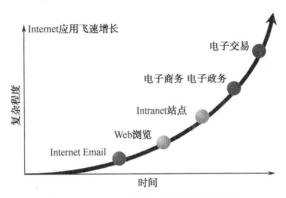

图 6-1 Internet 各种应用的发展时间

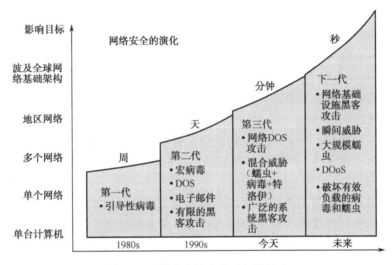

图 6-2 网络安全隐患的时间发展史

网络安全隐患是指借助计算机或其他通信设备，利用网络开放性和匿名性的特征，在进行网络交互操作时，进行窃听、攻击或其他破坏行为，具有侵犯系统安全或危害系统资源的危险。企业内部网络安全隐患包括的范围更广泛，如自然火灾、意外事故、人为行为（如使用不当、安全意识差等）、黑客行为、内部泄密、外部泄密、信息丢失、电子监听（信息流量分析、信息窃取等）和信息战等。

为保护网络系统中的硬件、软件及数据，不因偶然或恶意的原因而遭到破坏、更改、泄露，保证网络系统连续、可靠及正常运行，网络服务不被中断等都称是计算机网络安全管理的内容。从狭义角度来看，网络安全涉及网络系统和资源不受自然或人为因素的威胁和破坏；从广义角度来说，凡涉及网络中信息的保密性、完整性、可用性、真实性和可控性的所有技术都是网络安全保护的内容。

常见网络管理中存在的主要安全问题如下：

（1）机房安全。机房是网络设备运行的控制中心，经常发生的安全问题，如物理安全（火灾、雷击、盗贼等）、电气安全（停电、负载不均等）等情况。

（2）病毒的侵入。Internet 开拓性的发展，使病毒传播发展成为灾难。据美国国家计算机安全协会（NCSA）最近一项调查发现，几乎 100%的美国大公司都曾在他们的网络中经历过

计算机病毒的危害。

（3）黑客的攻击。得益于 Internet 的开放性和匿名性，也给 Internet 应用造成了很多漏洞，从而给别有用心的人有可乘之机，来自企业网络内部或者外部的黑客攻击都给目前网络造成了很大的隐患。

（4）管理不健全造成的安全漏洞。从网络安全的广义角度来看，网络安全不仅是技术问题，更是一个管理问题。它包含管理机构、法律、技术、经济各方面。网络安全技术只是实现网络安全的工具。要解决网络安全问题，必须要有综合的解决方案。

1. 防病毒安全

计算机病毒是一段具有恶意破坏的程序，一段可执行码。就像生物病毒一样，计算机病毒有独特的复制能力，可以通过复制的方式达到很快地蔓延，常常难以根除。病毒程序常把自身附着在各种类型的正常文件上，当这些受感染的文件通过复制，或者通过网络传输，文件从一个用户传送到另一个用户的计算机上时，病毒程序就随同受感染的文件一起蔓延开来，称为网络病毒。随着 Internet 开拓性的发展，通过网络进行传播病毒，为网络带来灾难性后果。

计算机网络病毒爆发的主要特点如下：

（1）破坏性强。

网络病毒破坏性极强。一旦网络中的某台文件服务器的硬盘被病毒感染，就可能造成网络服务器无法启动，导致整个网络瘫痪，造成不可估量的损失。

（2）传播性强。

网络病毒普遍具有较强的再生机制，一接触就可通过网络扩散与传染。一旦某个公用程序染了病毒，那么病毒将很快在整个网络上传播，感染其他的程序。根据有关资料介绍，在网络上病毒传播的速度是单机的几十倍。

（3）具有潜伏性和可激发性。

网络病毒具有潜伏性和可激发性。在一定的环境下受到外界因素刺激，便能活跃激活。激活可以是内部时钟、系统日期和用户名称，也可以是在网络中进行的一次通信。

（4）扩散面广。

由于病毒通过网络进行传播，所以其扩散面大。一台 PC 的病毒可以通过网络感染与之相连的众多机器。

网络病毒的防治具有更大的难度，网络病毒防治应与网络管理集成。如果没有把管理功能加上，很难完成网络防毒的任务。只有管理与防范相结合，才能保证系统的良好运行。管理功能就是管理全部的网络设备：从 Hub、交换机、服务器到 PC，U 盘的存取、局域网信息互通及 Internet 接入等，病毒能够进来的地方，都应采取相应的防范手段。

网络病毒防治除具有基本安全防范意识之外，一些基本的网络保护措施也是必须。网络环境下病毒传播快，为防治网络病毒保证网络稳定运行，可采取以下一些基本方法：

（1）建立一个整套网络软件及硬件的维护制度，定期对各工作站进行维护。在维护前，对各工作站有用的数据采取保护措施，做好数据库转存、系统软件备份等工作。

（2）对操作系统和网络系统软件采取必要的安全保密措施。防止操作系统和网络软件被破坏或意外删除。对各工作站的网络软件文件属性可采取隐含、只读等加密措施，还可利用网络设置软件对各工作站分别规定应访问共享区的存取权限、口令字等安全保密措施，从而避免共享区的文件和数据等被意外删除或破坏。

（3）加强网络系统的统一管理，各工作站规定应访问的共享区及存取权限口令字等，不能随意更改，要修改必须经网络管理员批准后才能修改。

（4）建立网络系统软件的安全管理制度，对网络系统软件指定专人管理，定期备份，并建立网络资源表和网络设备档案，对网上各工作站的资源分配情况、故障情况、维修记录要分别记录在网络资源表和网络设备档案上。

（5）制定严格的工作站安全操作规程，网上各工作站的操作人员必须严格按照网络操作手册进行操作，并认真填写每天的网络运行日志。

（6）在收发电子邮件时，不打开一些来历不明的邮件，一些没有明显标识信息的附件应该马上删除。

（7）开启系统的防火墙，使系统处于随时随地的监测状态，保证网络的工作状态随时处于可控制状态。

（8）不随便下载网络上的插件。

6.3.2 交换网络安全设置

1. 交换安全基础知识

交换机在企业网中占有重要的地位，通常是整个网络的核心所在。在一个交换网络中，如何过滤办公网内部的用户通信，保障安全有效的数据转发？如何阻挡非法用户，保障网络安全应用？如何进行安全网管，及时发现网络非法用户、非法行为及远程网管信息的安全性……都是网络构建人员首先需要考虑的问题。

交换机最重要的作用就是转发数据，在黑客攻击和病毒侵扰下，交换机要能够继续保持其高效的数据转发速率，不受攻击干扰，这是交换机所需要的最基本安全功能。同时交换机作为整个网络的核心，应该能对访问和存取网络信息用户，进行区分和权限控制。更重要的是，交换机还应该配合其他网络安全设备，对非授权访问和网络攻击进行监控和阻止。

2. 保护交换机控制台安全

交换机是企业网中直接连接终端设备的重要互联设备，在网络中承担终端设备接入功能。交换机的控制台在默认情况下是没有口令，如果网络中有非法者连接到交换机的控制口，就可以像管理员一样任意窜改交换机的配置，带来网络安全隐患。从保护网络安全的角度考虑，所有交换机的控制台都应当根据用户管理权限不同，配置不同特权访问权限。

如图 6-3 所示为一台接入交换机设备，负责楼层中各办公室计算机的接入。为保护网络安全，需要给交换机配置管理密码，以禁止非授权用户的访问。只需要通过一根配置线缆连接到交换机的配置端口（Console），另一端连接到配置计算机的串口。

通过如下命令格式，配置登入交换机控制台特权密码：

```
Switch >enable
Switch # configure terminal
```

Switch（config）# enable secret level 15 0 star 　　! 其中 15 表示口令适用特权级别

　! 0 表示输入明文形式口令，1 表示输入密文形式口令

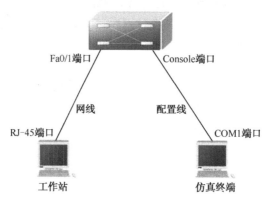

图 6-3　配置交换机控制台特权密码

2. 配置交换机远程登录的安全措施

除通过 Console 端口与设备相连管理设备外，还可以通过 Telnet 程序和交换机 RJ45 口远程连接，从远程登录交换机管理设备。配置交换机远程登录密码如下：

Switch >enable

Switch # configure terminal

Switch(config)#enable secret level 1 0 star 　　　! 配置远程登录密码

Switch (config)#enable secret level 15 0 star 　　! 配置进入特权模式密码

Switch (config)#interface vlan 1 　　　　　　　! 配置远程登录交换机的管理地址

Switch (config-if)#no shutdown

Switch (config-if)#ip address 192.168.1.1 255.255.255.0

　! 其中 level 1 表示口令所适用特权级别，0 表示输入的是明文形式口令

3. 交换机端口安全

在传统的局域网环境中，只要有物理的连接端口，未经授权的网络设备就可以接入局域网，或者是未经授权的用户可以通过连接到局域网的设备进入网络。这样给一些企业造成了潜在的安全威胁。

1）配置交换机端口安全

交换机的端口是连接网络终端设备重要关口，加强交换机的端口安全是提高整个网络安全的关键。默认的情况下交换机的端口是完全敞开，不提供任何安全检查措施。因此，为保护网络内的用户安全，对交换机的端口增加安全访问功能，可以有效保护网络的安全。

大部分的网络攻击行为都采用欺骗源 IP 或源 MAC 地址的方法，对网络的核心设备进行连续的数据包的攻击，从而耗尽网络核心设备系统资源目的，如典型的 ARP 攻击、MAC 攻击、DHCP 攻击等。这些针对交换机的端口产生的攻击行为，可以启用交换机的端口安全功能特性来防范。通过在交换机的某个端口上配置限制访问的 MAC 地址及 IP（可选），可以控

制该端口上的数据安全输入。

当交换机端口上所连接的安全地址的数目达到允许的最大个数，交换机将产生一个安全违例通知。当安全违例产生后，可以设置交换机，针对不同的网络安全需求，采用不同的安全违例的处理模式：

- Protect：当所连接的端口通过的安全地址，达到最大的安全地址个数后，安全端口将丢弃其余的未知名地址（不是该端口的安全地址中的任何一个）的数据包。
- RestrictTrap：当安全端口产生违例事件后，将发送一个 Trap 通知，等候处理。
- Shutdown：当安全端口产生违例事件后，将关闭端口同时还发送一个 Trap 通知。

下面例子说明如何使交换机的接口 FastEthernet3 上配置安全端口功能，设置违例方式为 protect。

```
Switch# configure terminal
Switch （config）# interface   FastEthernet 0/3
Switch （config-if）# switchport   mode   access
Switch （config-if）# switchport   port-security
Switch （config-if）# switchport   port-security   violation   protect
```

2）配置交换机端口最大连接数

交换机的端口安全功能还表现在，可以限制一个端口上能连接安全地址的最大个数。如果一个端口被配置为安全端口，配置有最大的安全地址的连接数量，当其上连接的安全地址的数目达到允许的最大个数，或者该端口收到一个源地址不属于该端口上的安全地址时，交换机将产生一个安全违例通知。

通过 MAC 地址来限制端口流量，此配置允许 Trunk 端口最多通过 100 个 MAC 地址，超过 100 时，来自新的主机数据帧将丢失，下面的配置根据 MAC 地址数量来允许通过流量。

```
Switch #conf t
Switch (config)#int f0/1
Switch (config-if)#switchport mode trunk          ！配置端口模式为 Trunk
Switch 1(config-if)#switchport port-security maximum 100
！允许此端口通过的最大 MAC 地址数目为 100。
Switch (config-if)#switchport port-security violation protect
！当主机 MAC 地址数目超过 100 时，交换机继续工作，但来自新的主机的数据帧将丢失
```

3）配置交换机端口地址捆绑

为了增强网络的安全性，还可以将 MAC 地址和 IP 地址绑定起来，作为安全接入的地址，实施更为严格的访问限制，当然也可以只绑定其中的一个地址，如只绑定 MAC 地址而不绑定 IP 地址，或者相反。

利用交换机的端口安全这个特性，网络管理人员可以通过限制允许访问交换机上某个端口的 MAC 地址及 IP（可选），来实现严格控制对该端口的输入。当为安全端口（打开了端口安全功能的端口）配置了一些安全地址后，则除了源地址为这些安全地址的包外，这个端口将不转发其他任何报文。

下面的配置则是根据 MAC 地址来拒绝流量。

```
Switch# configure
Switch# (config)#int f0/1
Switch# (config-if)#switchport mode access    ！指定端口模式
Switch# (config-if)#switchport port-security mac-address 00-90-F5-10-79-C1
      ！配置 MAC 地址
Switch# (config-if)#switchport port-security maximum 1
      ！限制此端口允许通过的 MAC 地址数为 1
Switch# (config-if)#switchport port-security violation shutdown
      ！当发现与上述配置不符时，端口 down 掉
```

为了增强安全性，可以将 MAC 地址和相应的端口绑定起来作为安全地址。当然也可以把指定 IP 地址和相应的端口绑定在一起，或者是两者都绑定。一个端口被配置为一个安全端口，当其安全地址的数目已经达到允许的最大个数后，如果该端口收到一个源地址不属于端口上的安全地址的包时，一个安全违例将产生。

下面的例子说明在交换机的接口 Gigabitethernet 1/3 上配置安全端口功能：为该接口配置一个安全 MAC 地址：00d0.f800.073c，并绑定 IP 地址：192.168.12.202。

```
Switch # configure terminal
Switch（config#    interface gigabitethernet 1/3
Switch（config-if）# switchport mode access
Switch（config-if）# switchport port-security
Switch（config-if）#switchport port-security mac-address 00d0.f800.073c
                      ip-address 192.168.12.202
Switch（config-if）# end
```

4. 交换机端口保护

为了实现网络安全的需要，一个局域网内有些需要保护的区域，有时候也需要能够做到互相不能访问。要求一台交换机上的有些端口之间不能互相通信，需要通过端口保护（Switchitchport Protected）技术来实现。交换机的端口设置为端口保护后，保护口之间互相无法通信，保护口与非保护口之间可以正常通信。在这种环境下，这些端口之间的通信，不管是单址帧，还是广播帧，以及多播帧，都只有通过三层设备进行通信。

在交换机上配置交换机的端口保护，相对简单，进入网络接口配置模式：

```
Switch(config)#
Switch(config)#interface range fa 0/1 - 24
            ！开启交换机的 f0/1 到 f0/24 口，可根据自己的需求来选择端口
Switch(config-if-range)#Switchitchport protected          ！开启端口保护
            ！到此为止，在交换机的每个接口启用端口保护，目的达到
Switch(config-if-range)#no shutdown
```

在实施交换机保护端口技术后。保护端口技术产生隔离效果，连接在同一台交换机中所有计算机之间不再互相通信。通过在交换机上开启端口保护后，本交换机的保护端口之间确实无法直接通信。发现保护端口之间不能互访，保护端口与非保护端口之间可以互访。

5. 交换机镜像安全

交换机的镜像技术（Port Mirroring）是将交换机某个端口的数据流量，复制到另一端口（镜像端口）进行监测。大多数交换机都支持镜像技术，这可以对交换机进行方便的故障诊断，称为"mirroring"或"Spanning"，默认情况下交换机上这种功能是被屏蔽的。

通过配置交换机端口镜像，允许管理人员设置监视管理端口，监视被监视端口的数据流量。监视到数据通过 PC 上安装网络分析软件查看，通过对捕获到数据分析，可以实时查看被监视端口情况，如图 6-4 所示交换机端口的镜像技术工作场景。

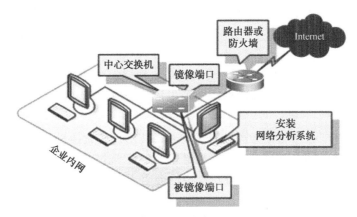

图 6-4　交换机端口的镜像技术工作场景

交换机镜像端口既可以实现一个 VLAN 中若干个源端口向一个监控端口镜像数据，也可以从若干个 VLAN 向一个监控端口镜像数据。如把交换机 5 号端口上所有数据流，均镜像至交换机上 10 号监控端口，并通过该监控端口，接收所有来自 5 号端口数据流。值得注意的是，源端口和镜像端口最好位于同一台交换机上。

交换机的镜像端口并不会影响源端口的数据交换，它只是将源端口发送或接收的数据包副本发送到监控端口。在交换机上配置交换机的端口镜像如下：

```
Monitor session 1 source interface fastethernet 0/1 both    ! 被监控口

Monitor session 1 destination interface fastethernet 0/2    ! 镜像口
```

6.3.3　X-Scan 软件介绍

X-Scan 是国内最著名的综合扫描器之一，它完全免费，是不需要安装的绿色软件、界面支持中文和英文两种语言、包括图形界面和命令行方式。主要由国内著名的民间黑客组织"安全焦点"（http://www.xfocus.net）完成，从 2000 年的内部测试版 X-Scan V0.2 到目前的最新版本 X-Scan 3.3-cn 都凝聚了国内众多黑客的心血。最值得一提的是，X-Scan 把扫描报告和安全焦点网站相连接，对扫描到的每个漏洞进行"风险等级"评估，并提供漏洞描述、漏洞溢出程序，方便网管测试、修补漏洞。

6.4 实操训练

6.4.1 实训项目一 配置交换机端口安全

【任务描述】

王先生的公司所在的办公网络，为了防止来自公司内部网络中 ARP 病毒，使网络在收到 ARP 病毒攻击后，能及时查询到攻击源头，需要为办公网中交换机实施端口安全，把办公网中每台计算机网卡地址和交换机接入端口捆绑在一起，实现办公网安全。

【知识准备】

交换机的端口安全（Port Security）设置简单、快捷，通过配置交换机的端口安全，能有效地阻止非法客户端使用网络资源，指定交换机每个端口的计算机，不允许私自将网线更换到其他端口。

从基本原理上讲，通过配置交换机的安全端口技术，让交换机记住的是连接到交换机端口的以太网 MAC 地址即网卡号，并只答应某个 MAC 地址通过本端口通信。假如任何其他 MAC 地址试图通过此端口通信，端口安全特性会阻止它。使用端口安全特性可以防止某些设备访问网络，并增强安全性。

当交换机的某个端口启用端口安全后，该端口将不再学习新的 MAC 地址，并且只转发已学习到的 MAC 地址的数据帧，其他的数据帧将被丢弃。判断条件：发往交换机的帧，如果其源地址为该端口的 MAC 地址表成员，则允许转发，否则将被丢弃。当端口安全选择"禁用"时，该端口将恢复自动学习新的 MAC 地址，转发收到的帧。

【网络拓扑】

如图 6-5 所示网络拓扑，是公司内部办公网络，为了防止来自内部网络中的 ARP 病毒的攻击，进行接入计算机设备 MAC 地址和交换机端口捆绑的模拟工作场景。通过实施办公网中交换机端口安全，保证办公网接入安全。

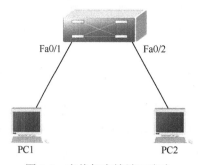

图 6-5 交换机实施端口安全

【任务目标】

交换机指定端口上配置安全地址，防止 ARP 病毒攻击，保护网络安全。

【设备清单】

交换机（1 台）、计算机（≥2 台）、双绞线（若干根）。

6.4.2 实训项目二 配置交换机保护端口

【任务描述】

王先生的公司所在的办公网络，为了防止来自公司内部网络中 ARP 病毒，避免网络中计算机在受到 ARP 攻击后，防止 ARP 病毒在网络中交叉干扰，需要为办公网中交换机实施保护端口。通过将交换机指定的端口设置为保护端口，隔离网络中 PC 间的互访，隔离网络中计算机间互访，实现网络安全实现办公网网络的安全。

【知识准备】

交换机的保护可以实现局域网内部所有互相连接的计算机之间互相隔离效果。

通过在交换机上开启端口保护后，本交换机保护端口之间无法直接通信，但是仍然能和其他交换机保护端口（同一 IP 子网）通信，从而实现办公网网络的安全。

【网络拓扑】

如图 6-6 所示网络拓扑，是某公司内部办公网络，为了防止来自内部网络中 ARP 病毒的交叉感染，希望实施交换机保护端口，隔离网络中 PC 间互访，实现办公网网络安全的模拟工作场景。

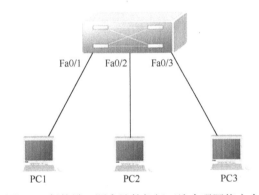

图 6-6 保护端口隔离计算机间互访实现网络安全

【任务目标】

交换机指定端口设置保护端口，隔离网络 PC 间互访，实现网络安全。

【设备清单】

交换机（1 台）、计算机（≥3 台）、双绞线（若干根）。

6.4.3 实训项目三 配置交换机端口镜像

【任务描述】

某学校校园网中，网络多媒体教室中安装有一台交换机设备，上面连接有 1 台教师机和 60 台学生机，现在教师希望能够通过教师机器，监测网络中学生计算机工作状态。

希望通过教师机器监测到网络中的学生机工作状态，可以在交换机上实施安全措施，通过将交换机的一个端口设置为镜像端口，监测其他指定的端口，保护网络安全。再在教师机上安装协议分析类软件，可以分析到网络中的通信情况。

【知识准备】

把交换机一个或多个端口（VLAN）的数据镜像到一个或多个端口的方法。在网络中，通常为了部署网络安全的目的，需要监听网络流量（网络分析仪同样也需要），但是在目前广泛采用的交换网络中监听所有流量有相当大的困难，因此，需要通过配置交换机来把一个或多个端口（VLAN）的数据转发到某一个端口来实现对网络的监听。

交换机的镜像技术，可以监视到进出网络的所有数据包，供安装了监控软件的管理服务器抓取数据，如网吧需提供此功能把数据发往公安部门审查。而企业出于信息安全、保护公司机密的需要，也迫切需要网络中有一个端口能提供这种实时监控功能。在企业中用端口镜像功能，可以很好地对企业内部的网络数据进行监控管理，在网络出现故障时候，可以做到很好地故障定位。

【网络拓扑】

如图 6-7 所示拓扑是网络多媒体教室场景，希望通过教师机监测到网络中学生机工作状态。通过将交换机一个端口设置为镜像端口，监测其他指定的端口，保护网络安全。再在教师机上安装协议分析类软件，可以分析到网络中的通信情况。

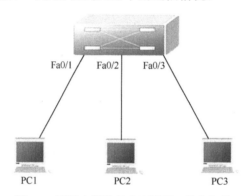

图 6-7　网络多媒体教室配置端口镜像拓扑

【任务目标】

配置交换机端口设置为镜像端口，监测其他指定端口，保护网络安全。

【设备清单】

交换机（1 台）、计算机（≥3 台）、双绞线（若干根）。

6.4.4　实训项目四　网络安全扫描

【任务描述】

职信科技有限公司是一家以网络产品销售为主营业务的小型企业，公司的网络结构如图 6-8 所示。公司网络通过中国电信光纤接入 Internet，中国电信给公司分配了 1 个 C 类公网 IP 地址 218.71.96.101，公司内部采用 192.168.1.0/24 网段 IP 地址。

为了保证企业网络的正常运行，企业拟通过招标的形式确定一家安全服务商，由该安全服务商负责公司网络的整体安全设计及后续的网络安全维护。

【知识准备】

网络扫描是对整个目标网络或单台主机进行全面、快速、准确地获取信息的必要手段。通过网络扫描发现对方，获取对方的信息是进行网络攻防的前提。通过该实验使学生了解网络扫描的内容，通过主机漏洞扫描发现目标主机存在的漏洞，通过端口扫描发现目标主机的开放端口和服务，通过操作系统类型扫描判断目标主机的操作系统类型。

【网络拓扑】

职信科技有限公司网络结构如图 6-8 所示。

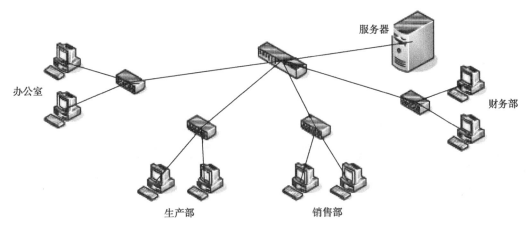

图 6-8 职信科技有限公司网络结构

【任务目标】

通过该实验，了解网络扫描的作用，掌握主机漏洞扫描、端口扫描、操作系统类型扫描软件的使用的方法，能够通过网络扫描发现对方的信息是否存在漏洞。要求能够综合使用以上的方法来获取目标主机的信息。

【设备清单】

职信科技有限公司网络设备清单如表 6-1 所示。

表 6-1 职信科技有限公司网络设备清单

序　号	设 备 名 称	数　量	安 装 系 统
1	PC	40	Windows XP
2	服务器	1	Windows Server 2003

6.5 岗位模拟

某公司广域网如图 6-9 所示，总公司与分公司由两台 RSR20 路由器背靠背连接，并且封装的是 PPP 协议，为了安全考虑两台路由器需要使用 CHAP 验证机制。在本网络中使用的动态路由协议 OSPF 和 RIPv2，并采用 OSPF 多区域的设计，并且此网络有两条链路接入互联网。

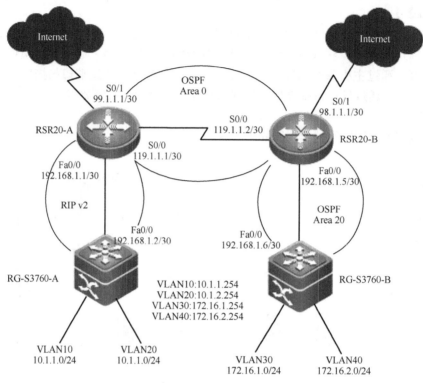

图 6-9 广域网

6.6 巩固提高

（1）安装 X-Scan 软件。

（2）设置 X-Scan 服务器。

保护校园网安全

7.1 岗位任务

　　王先生的孩子就读学校的校园网扩建后，实现了分散新老校区网络互联互通，满足了新、老校区师生对校园网信息化需求，实现校园网资源共享。

　　但是由于没有实施园区及部门间的安全策略，出现学生登录到教师网查看考试试卷的安全事件。为保证校园网整体安全，网络中心重新进行安全规划，通过实施访问控制列表安全技术，禁止学生宿舍网络访问教师所在网络。

7.2 教学目标

　　（1）熟练掌握标准 ACL 及扩展 ACL 访问规则项目。
　　（2）掌握 ACL 的配置方法。
　　（3）掌握利用三层交换机保护园区网安全的方法。
　　（4）熟练掌握 VLAN 间安全访问控制。
　　（5）掌握 Windows 2003 操作系统安全策略设置。

7.3 知识背景

7.3.1 访问控制列表基础知识

　　访问控制列表 ACL 技术是 Access Control List 的简写，简单的说法便是数据包过滤。网络管理人员通过对网络互联设备的配置管理，来实施对网络中通过的数据包的过滤，从而实现对网络中的资源进行访问输入和输出的访问控制。配置在网络互联设备中的访问控制列表 ACL 实际上是一张规则检查表，这些表中包含了很多简单的指令规则，告诉交换机或者路由器设备，哪些数据包是可以接收，哪些数据包是需要拒绝。

交换机或者路由器设备按照 ACL 中的指令顺序执行这些规则，处理每一个进入端口的数据包，实现对进入或者流出网络互联设备中的数据流过滤。通过在网络互联设备中灵活地增加访问控制列表，可以作为一种网络控制的有力工具，过滤流入和流出数据包，确保网络的安全，因此，ACL 又称软件防火墙，如图 7-1 所示。

图 7-1　ACL 控制不同的数据流通过网络

ACL 提供了一种安全访问选择机制，它可以控制和过滤通过网络互联设备上接口信息流，对该接口上进入、流出的数据进行安全检测。首先需要在网络互联设备上定义 ACL 规则，然后将定义好的规则应用到检查的接口上。该接口一旦激活以后，就自动按照 ACL 中配置的命令，针对进出的每一个数据包特征进行匹配，决定该数据包被允许通过还是拒绝。在数据包匹配检查的过程中，指令的执行顺序自上向下匹配数据包，逻辑地进行检查和处理。

根据访问控制标准的不同，ACL 分多种类型，实现不同的网络安全访问控制权限。常见 ACL 有两类：标准访问控制列表（Standard IP ACL）和扩展访问控制列表（Extended IP ACL），在规则中使用不同的编号区别，其中标准访问控制列表的编号取值范围为 1～99；扩展访问控制列表的编号取值范围为 100～199。

两种 ACL 的区别是，标准 ACL 只匹配、检查数据包中携带的源地址信息；扩展 ACL 不仅仅匹配检查数据包中源地址信息，还检查数据包的目的地址，以及检查数据包的特定协议类型、端口号等。扩展访问控制列表规则大大扩展了数据流的检查细节，为网络的访问提供了更多的访问控制功能。

1. 标准访问控制列表基础

标准访问控制列表（Standard IP ACL）检查数据包的源地址信息，数据包在通过网络设备时，设备解析 IP 数据包中的源地址信息，对匹配成功的数据包采取拒绝或允许操作。在编制标准的访问控制列表规则时，使用编号 1～99 来区别同一设备上配置的不同标准访问控制列表条数。

如果需要在网络设备上配置标准访问控制列表规则，使用以下的语法格式：

> Access-list　listnumber　{permit | deny}　source--address　[wildcard–mask]

其中：

- listnumber 是区别不同 ACL 规则序号，标准访问控制列表的规则序号值的范围是 1～99；
- permit 和 deny 表示允许或禁止满足该规则的数据包通过动作；
- source address 代表受限网络或主机的源 IP 地址；

● wildcard–mask 是源 IP 地址的通配符比较位，又称反掩码，用来限定匹配网络范围。

小知识：通配符屏蔽码（wildcard-mask）。

通配符屏蔽码又称反掩码，与 IP 地址是成对出现的，访问控制列表功能中所支持的通配符屏蔽码与子网屏蔽掩码的写法相似，都是一组 32 比特位的数字字符串，用点号分成 4 个 8 位组，每组包含 8 比特位。算法相似，都是"与"、"或"运算，但书写方式刚好相反，也就是说，都使用 0 和 1 来标识信息，但二者具有不同的表示功能，工作原理不同。

在通配符屏蔽码中，二进制的 0 表示"匹配"、"检查"所对应的网络位，二进制的 1 表示"不关心"对应的网络位。而在子网屏蔽掩码中二进制的 0 表示网络地址位，二进制的 1 表示主机地址位信息。数字 1 和 0 用来决定是网络、子网，还是相应的主机的 IP 地址。

假设组织机构拥有一个 C 类网络 198.78.46.0，使用标准的子网屏蔽码为 255.255.255.0，标识所在的网络。而针对同一 C 类网络 198.78.46.0，在这种情况下使用通配符屏蔽码为 0.0.0.255，匹配网络的范围，因此，通配符屏蔽码与子网屏蔽码正好是相反。

0.0.0.255：只比较前 24 位；

0.0.3.255：只比较前 22 位；

0.255.255.255：只比较前 8 位。

为了更好理解标准访问控制列表的应用规则，这里通过一个例子来说明。

某企业有一分公司，其内部规划使用的 IP 地址为 B 类的 172.16.0.0。通过总公司来控制所有分公司网络，每个分公司通过总部的路由器访问 Internet。现在公司规定只允许来自 172.16.0.0 网络的主机访问 Internet。要实现这点，需要在总部的接入路由器上配置标准型访问控制列表，语句规则如下：

```
Router # configure terminal
Router（config）# access-list 1 permit   172.16.0.0   0.0.255.255
              !   允许所有来自 172.16.0.0 网络中数据包通过，可以访问 Internet
Router（config）# access-list 1 deny   0.0.0.0   255.255.255.255
              !   其他所有网络的数据包都将丢弃，禁止访问 Internet
```

配置好访问控制列表规则后，还需要把配置好访问控制列表应用在对应接口上，只有当这个接口激活以后，匹配规则才开始起作用。访问控制列表主要应用方向是接入（In）检查和流出（Out）检查。in 和 out 参数可以控制接口中不同方向的数据包。

如将编制好的访问控制列表规则 1 应用于路由器的串口 0 上，使用如下命令：

```
Router > configure terminal
Router (config) # interface serial 0
Router (config-if) # ip access-group 1 in
```

2. 扩展访问控制列表基础

扩展型访问控制列表（Extended IP ACL）在数据包的过滤和控制方面，增加了更多的精细度和灵活性，具有比标准的 ACL 更强大数据包检查功能。扩展 ACL 不仅检查数据包源 IP 地址，还检查数据包中目的 IP 地址、源端口、目的端口、建立连接和 IP 优先级等特征信息。利用这些选项对数据包特征信息进行匹配。

扩展 ACL 使用编号范围从 100～199 的值标识区别同一接口上多条列表。和标准 ACL 相比，扩展 ACL 也存在一些缺点：一是配置管理难度加大，考虑不周很容易限制正常的访问；二是在没有硬件加速的情况下，扩展 ACL 会消耗路由器 CPU 资源。所以中低档路由器进行网络连接时，应尽量减少扩展 ACL 条数，以提高系统的工作效率。

扩展访问控制列表的指令格式如下：

> Access-list listnumber {permit | deny} protocol source source- wildcard–mask destination destination-wildcard–mask [operator   operand]

其中：

● listnumber 的标识范围为 100～199。

● protocol 是指定需要过滤的协议，如 IP、TCP、UDP、ICMP 等。

● source 是源地址；destination 是目的地址；wildcard-mask 是 IP 反掩码。

● operand 是控制的源端口和目的端口号，默认为全部端口号 0～65535。端口号可以使用数字或者助记符。

● operator 是端口控制操作符 "<"（小于）、">"（大于）"="（等于）及""（不等于）进行设置。

下面通过一个具体的应用实例，说明扩展访问表中在企业内部网络控制管理上的应用。如图 7-2 所示企业网络内部结构路由器（一般为三层交换机）连接了两个子网段，地址规划分别为 172.16.4.0/24、172.16.3.0/24。其中在 172.16.4.0/24 网段中有一台服务器提供 WWW 服务，其 IP 地址为 172.16.4.13。

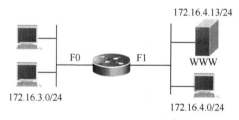

图 7-2　扩展 ACL 应用场景

需要进行网络管理任务：为保护网络中心 172.16.4.0/24 网段安全，禁止其他网络中的计算机访问子网络 172.16.4.0 网络，不过可以访问在 172.16.4.0 网络中搭建的 WWW 服务器。

分析网络任务了解到，需要开放的是 WWW 服务，禁止其他所有服务，禁止来自指定网络的数据流。因此，选择扩展的访问控制列表进行限制，在路由器上配置命令如下：

> Router(config)#
>
> Router(config)# access-list 101 permit tcp any 172.16.4.13 0.0.0.0 eq www
>
> Router(config)# access-list 101 deny ip any any

设置扩展的 ACL 标识号为 101，允许源地址为任意 IP 的主机访问目的地址为 172.16.4.13 的主机上 WWW 服务，其端口标识号为 80。Deny any 指令表示拒绝全部。和标准的 ACL 配置一样，配置好的扩展 ACL 需要应用到指定的接口上，才能发挥其应有的控制功能：

```
Router(config)#interface Fastethernet 0/1
Router(config-if)#ip access-group 101 in
```

命名访问控制列表是应用在路由器接口指令列表，这些指令列表告诉路由器哪些数据包可以接收、哪些数据包需要拒绝。至于数据包是被接收还是拒绝，由类似于源地址、目的地址、端口号、协议等特定条件来决定。通过灵活地增加访问控制列表，ACL 可以当作一种网络控制的有力工具，用来过滤流入和流出路由器接口的数据包。

前面在配置访问控制列表的时候，都是用数字对访问控制列表进行命名。但是数字明显不能够反映这个访问控制列表的实际作用，时间长或者是前任网络管理员留下来的访问控制列表，光看 1、0、1 三个数字，无法知道到底实现了什么控制？所以在建立访问控制列表管理机制中，还提供一个命名访问控制列表技术。

在标准与扩展访问控制列表中均要使用编号，而在命名访问控制列表中使用一个字母或数字组合的字符串，来代替数字，从而实现见名知意的效果。命名访问控制列表技术不仅可以形象地描述访问控制列表功能，而且还可以让网络管理员删除某个访问控制列表中不需要的语句，在使用过程中方便修改。

3. 标准命名访问控制列表

命名的 IP 访问控制列表是以字符串作为列表名，代替编号来定义 IP 访问控制列表。命名访问控制列表同样包括标准命名访问控制列表和扩展命名访问控制列表两种，定义过滤的语句的方式及规则和编号访问控制列表方式相似。

命名 IP 访问控制列表广泛地应用在园区网络的三层交换机上，而在路由器上应用命名 IP 访问控制列表技术，需要 OS 较高的版本才能支持。以下是在交换机上实施命名 IP 访问控制列表的语法：

```
Switch#configure
Switch (config)#ip access-list standard test1        ！命名了标准访问控制列表
Switch (config-std-nacl)#deny 30.1.1.0    0.0.0.255   ！拒绝 30.1.1.0 的网络
Switch (config-std-nacl)#permit any                  ！允许任何其他网络访问
Switch (config-std-nacl)#exit
Switch (config)#int s1/0                             ！进入 S1/0 接口
Switch (config-if)#ip access-group test1 in          ！把命名 ACL 应用到接口 S1/0
```

4. 扩展命名访问控制列表

扩展命名访问控制列表技术配置过程和编号扩展访问控制列表相似，定义过滤的语句的方式也和编号访问控制列表方式相似。扩展命名 IP 访问控制列表广泛地应用在三层交换机上，而在路由器上应用命名 IP 访问控制列表技术，需要 OS 较高的版本才能支持。

以下是在交换机上实施扩展命名 IP 访问控制列表的语法：

```
Switch#configure
Switch (config)#ip access-list extended test2         ！定义命名扩展访问控制列表
Switch(config-ext-nacl)#deny icmp 20.1.1.0 0.0.0.255 10.1.1.0 0.0.0.255
```

```
Switch（config-ext-nacl)#permit ip any any              ！允许其他一切访问
Switch (config-ext-nacl)#exit
Switch (config)#

Switch (config)#int f0/0
Switch (config-if)#ip access-group test2 out           ！应用到接口 F0/0
```

7.3.2 组策略基础知识

组策略是管理员为计算机和用户定义的，是用来控制应用程序、系统设置和管理模板的一种机制。简单地说，组策略就是介于控制面板和注册表之间的一种修改系统、设置程序的工具。

组策略高于注册表，组策略使用更完善的管理组织方法，可以对各种对象中的设置进行管理和配置，远比手工修改注册表方便、灵活，功能也更加强大。

1. 使用组策略可以实现的功能

- 账户策略的设定；
- 本地策略的设定；
- 脚本的设定；
- 用户工作环境的定制；
- 软件的安装与删除；
- 限制软件的运行；
- 文件夹的转移；
- 其他系统设定。

2. 组策略的基本配置

1）计算机配置

计算机配置包括所有与计算机相关的策略设置，它们用来指定操作系统行为、桌面行为、安全设置、计算机开机与关机脚本、指定的计算机应用选项及应用设置。

2）用户配置

用户配置包括所有与用户相关的策略设置，它们用来指定操作系统行为、桌面设置、安全设置、指定和发布的应用选项、应用设置、文件夹重定向选项、用户登录与注销脚本等。

3）组策略插件扩展

- 软件设置；
- Windows 设置；
- 账号策略、本地策略、事件日志、受限组、系统服务、注册表、文件系统、IP 安全策略、公钥策略；
- 管理模板。

7.4 实操训练

7.4.1 实训任务一 配置标准 ACL 访问规则，保护园区网安全

【任务描述】

XXX 学校校园网扩建后，实现了新、老校区的网络之间的互联互通，满足了新、老校区师生对校园网络信息化的需求，实现了对校园网络资源的共享。

由于没有实施部门网之间的安全策略，出现学生登录到教师网查看试卷的情况。为了保证校园网的整体安全，保障校园网为广大师生员工提供有效的服务，网络中心重新进行安全规划，实施了访问控制列表安全技术，禁止学生宿舍网络访问教师所在网络。

由于是禁止来自整个学生网络中计算机访问，按照规则，需要实施标准访问控制列表技术实施网络安全访问。

【知识准备】

ACL 是应用于路由器接口上的指令列表，它读取三层和四层包头中的信息，根据预先定义好的规则对包进行过滤。当数据经过接口时将检查该接口是否应用了 ACL，如果没有就对数据包进行正常处理。如果有，就检查是否同 ACL 上制定的任何一条规则匹配，注意，它是从上而下一条一条检查的，当检查到其中任何一条匹配后就按照规则的内容对数据包进行处理，如果到最后都没有找到一条匹配的规则，将有一条隐含的拒绝将此数据包丢弃。

常见的访问控制列表分标准的和扩展的访问控制列表两种，前者只针对源地址对包进行过滤，后者则可以根据源地址和目的地址，协议及端口进行包过滤。标准的访问控制列表的表号为 1~99，全局配置下配置命令如下：

> access-list "表号" permit/deny "源地址""源地址反码"
>
> 接下来要将这个策略应用到接口上，进入接口模式：
>
> ip access-group "表号" in/out

这里的"in"表示应用在接口的入站方向，"out"则表示应用在接口的出站方向，一般情况下应用在入站方向的效率要高于应用在出站方向的，因为在入站方向先检查接口上有没有应用 ACL，而在出站方向则先检查路由表，指定端口信息，然后检查是否应用了 ACL。

【网络拓扑】

如图 7-3 所示网络拓扑，是某学校实施标准访问控制列表安全技术，禁止学生宿舍网络访问教师办公网络工作场景。

【任务目标】

学习标准 ACL 访问规则，实施园区网络隔离。

【设备清单】

路由器（1 台）、计算机（≥3 台）、双绞线（若干根）。

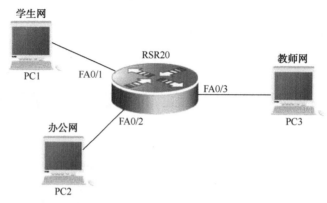

图 7-3　禁止学生宿舍网络访问教师办公网络工作场景

7.4.2　实训任务二　配置扩展 ACL 访问规则，保护园区网安全

【任务描述】

XXX 学校的校园网扩建后，实现了分散于各校区的网络之间的互联互通，满足了各校区师生对校园网络信息化的需求，实现了对校园网络资源的共享。

为了实现校园网络中不同区域网络之间信息共享，在教师所在的网络中搭建了一台 FTP 网络服务器，为学校中提供教学资源共享。但是，由于没有实施部门网之间的安全策略，出现学生登录到教师网中 FTP 网络服务器查看试卷的情况。

为了保证校园网的整体安全，保障校园网为广大师生员工提供有效的服务，网络中心重新进行安全规划，实施了访问控制列表安全技术，允许学生宿舍网络访问教师所在网络，但需要禁止学生访问教师网中 FTP 网络服务器。

由于是禁止某项服务的访问，按照规则，需要实施扩展的访问控制列表技术，保障网络安全访问。

【知识准备】

访问控制列表简称 ACL，ACL 技术在路由器中被广泛采用，它是一种基于包过滤的流控制技术。访问控制列表使用包过滤技术，在路由器上读取第三层及第四层包头中的信息如源地址、目的地址、源端口、目的端口等，根据预先定义好的规则对包进行过滤，从而达到访问控制的目的。

上面提到的标准访问控制列表是基于 IP 地址进行过滤的，是最简单的 ACL。如果希望对端口进行过滤该怎么办呢？或者希望对数据包的目的地址进行过滤。这时候就需要使用扩展访问控制列表了。扩展 IP 访问控制列表比标准 IP 访问控制列表具有更多的匹配项，包括协议类型、源地址、目的地址、源端口、目的端口、建立连接的和 IP 优先级等。编号范围是100～199 的访问控制列表是扩展 IP 访问控制列表。

【网络拓扑】

如图 7-4 所示的网络拓扑是某学校学生网和教师办公网网络工作场景，要实现教师网和学生网之间的互相连通，但不允许学生网访问教师网中的 FTP 服务器，可以在路由器 R2 上做扩展 ACL 技术控制，以实现网络之间的隔离。

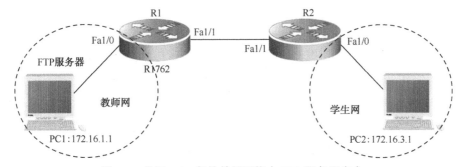

图 7-4　扩展 ACL 保护教师网络中 FTP 服务器安全

【任务目标】

在路由器上配置扩展 ACL，保护教师网络中 FTP 服务器的安全。

【设备清单】

路由器（2 台）、网络连线（若干根）、测试计算机（≥2 台）。

7.4.3　实训任务三　使用标准命名 ACL 访问规则，保护园区网络安全

【任务描述】

XXX 学校的校园网扩建后，实现了新、老校区的网络之间的互联互通，满足了新、老校区师生对校园网络信息化的需求，实现了对校园网络资源的共享。

由于没有实施部门网之间的安全策略，出现学生登录到教师网查看试卷的情况。为了保证校园网的整体安全，保障校园网为广大师生员工提供有效的服务，网络中心重新进行安全规划，在校园网的三层交换机上实施标准命名 ACL 访问规则安全技术，实施了访问控制列表安全技术，禁止学生宿舍网络访问教师所在网络。

由于是禁止来自整个学生网络中计算机访问，按照规则，需要实施标准命名访问控制列表技术，实施网络安全访问。

【知识准备】

标准命名 ACL 访问规则是应用于三层交换机上或路由器接口上指令列表，它通过读取三层和四层中数据包包头中的信息，根据预先定义好的规则对包进行过滤。

在标准与扩展访问控制列表中，均要使用数字编号来区别不同列表内容，而在命名访问控制列表中，只需使用一个字母或数字组合的字符串，来代替编号 ACL 中所使用的数字，更加见名识意。使用标准命名访问控制列表，还可以随意删除某一条特定的控制条目，在使用过程中方便地进行修改。

【网络拓扑】

如图 7-5 所示网络拓扑，是某学校实施标准命名 ACL 访问规则安全技术，禁止学生宿舍网络访问教师办公网络工作场景。

【任务目标】

学习标准命名 ACL 访问规则，实施园区网络隔离。

【设备清单】

三层交换机（1 台）、计算机（≥3 台）、双绞线（若干根）。

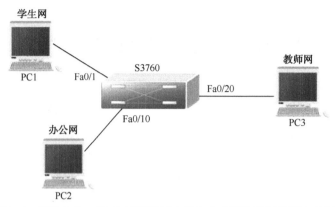

图 7-5　标准命名 ACL 访问规则禁止学生宿舍网络访问教师办公网

7.4.4　实训任务四　使用扩展命名 ACL 规则，保护园区网络安全

【任务描述】

　　XXX 学校的校园网扩建后，实现了分散于各校区的网络之间的互联互通，满足了各校区师生对校园网络信息化的需求，实现了对校园网络资源的共享。

　　为了实现校园网络中不同区域网络之间信息共享，在教师所在的网络中搭建了一台 FTP 网络服务器，为学校中提供教学资源共享。但是，由于没有实施部门网之间的安全策略，出现学生登录到教师网中 FTP 网络服务器查看试卷的情况。

　　为了保证校园网的整体安全，保障校园网为广大师生员工提供有效的服务，网络中心重新进行安全规划，在三层交换机上实施命名扩展访问控制列表安全技术，允许学生宿舍网络访问教师所在网络，但需要禁止学生访问教师网中 FTP 网络服务器。

　　由于是禁止某项服务的访问，按照规则，需要实施扩展命名的访问控制列表技术，保障网络安全访问。

【网络拓扑】

　　如图 7-6 所示的网络拓扑，是某学校学生网和教师办公网网络工作场景，要实现教师网和学生网之间的互相连通，但不允许学生网访问教师网中的 FTP 服务器，可以三层交换机上实施命名的扩展 ACL 技术控制，以实现网络之间的服务隔离。

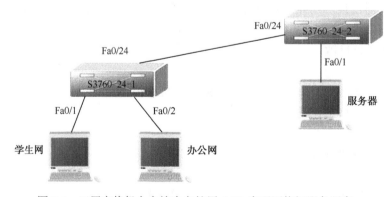

图 7-6　三层交换机上实施命名扩展 ACL 实现网络间服务隔离

【任务目标】

禁止学生访问 FTP 服务器，实施命名扩展 ACL 技术控制，以实现网络间服务隔离。

【设备清单】

三层交换机（2 台）、计算机（≥3 台）、双绞线（若干根）。

7.4.5 实训任务五 配置 VLAN 标准命名访问控制列表，保护园区网络安全

【任务描述】

XXX 学校的校园网扩建后，实现了新、老校区的网络之间的互联互通，满足了新、老校区师生对校园网络信息化的需求，实现了对校园网络资源的共享。

由于没有实施部门网之间的安全策略，出现学生登录到教师网查看试卷的情况。为了保证校园网的整体安全，保障校园网为广大师生员工提供有效的服务。网络中心重新进行安全规划，在校园网的三层交换机上实施标准命名 ACL 访问规则安全技术，学校需要将学生网与教师网隔离，学生网与办公网之间的网络仍然可以实现互连互通。

由于禁止来自整个学生网络中计算机访问，按照规则，需要实施标准命名访问控制列表技术，实施网络安全访问。

【网络拓扑】

如图 7-7 所示网络拓扑，是某学校实施标准访问控制列表安全技术，禁止学生宿舍网络访问教师办公网络工作场景。

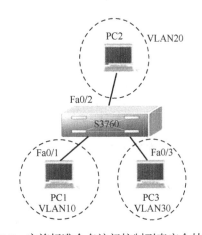

图 7-7 实施标准命名访问控制列表安全技术

【任务目标】

配置 VLAN 标准命名访问控制列表项目，学生网可以访问办公网，但不能访问教师网，以实现网络间服务隔离。

【设备清单】

三层交换机（1 台）、计算机（≥3 台）、双绞线（若干根）。

7.4.6 实训任务六 设置组策略保证校园网安全

【任务描述】

学院域 gdsspt.net 中有一个 OU—计算机系，该 OU 下包含若干计算机账号和用户账号（表 7-1），管理员需要对这些计算机和账户进行统一的管理，因此，需要使用组策略工具来简化这些管理。

表 7-1 实验环境描述

名　　称	类　　型	作　　用	备　　注
Server1	服务器	DC	域控制器
Server2	服务器	文件服务器	域的成员服务器
PC1	客户端计算机 1	用户登录的计算机	
PC2	客户端计算机 2	用户登录的计算机	
User1	用户账号	普通账号	
User2	用户账号	普通账号	

【知识准备】

组策略，就是基于组的策略。它以 Windows 中的一个 MMC 管理单元的形式存在，可以帮助系统管理员针对整个计算机或是特定

用户来设置多种配置，包括桌面配置和安全配置。例如，可以为特定用户或用户组定制可用的程序、桌面上的内容，以及"开始"菜单选项等，也可以在整个计算机范围内创建特殊的桌面配置。简而言之，组策略是 Windows 中的一套系统更改和配置管理工具的集合。

注册表是 Windows 系统中保存系统软件和应用软件配置的数据库，而随着 Windows 功能越来越丰富，注册表里的配置项目也越来越多，很多配置都可以自定义设置，但这些配置分布在注册表的各个角落，如果是手工配置，可以想像是多么困难和烦杂。而组策略则将系统重要的配置功能汇集成各种配置模块，供用户直接使用，从而达到方便管理计算机的目的。

其实简单地说，组策略设置就是在修改注册表中的配置。当然，组策略使用了更完善的管理组织方法，可以对各种对象中的设置进行管理和配置，远比手工修改注册表方便、灵活，功能也更加强大。

【任务目标】

（1）掌握编辑组策略对象。

（2）掌握账户策略配置与应用。

（3）掌握组策略的应用技巧。

【设备清单】

（1）一台安装了 Windows 2003 Server 的计算机作为组策略配置服务器（可以是实现 AD 的 Windows 2003 域控制器。

（2）一台客户机用来测试验证服务器的组策略配置。

7.5 岗位模拟

图 7-8 为某学校网络拓扑模拟图，接入层设备采用 s2126G 交换机，在接入交换机上划分了办公网 VLAN20 和学生网 VLAN30。为了保证网络的稳定性，接入层和汇聚层通过两条链路相连，汇聚层交换机采用 S3550 交换机，在 S3550 上有网管 VLAN40。汇聚层交换机通过 VLAN10 中的接口 F0/10 与 RA 相连，RA 通过广域网口和 RB 以太网连接一台 Web 服务器。通过路由协议，办公网可以访问此服务器，但是为了信息安全的考虑，计划在路由器 A 上做访问控制列表，禁止学生网访问此 Web 服务器。

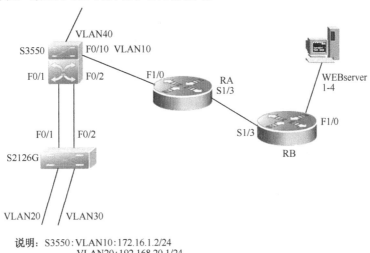

图 7-8　某学校网络拓扑模拟图

7.6 巩固提高

（1）练习添加管理单元到新 MMC 控制台。

（2）练习以命令的方式打开组策略编辑器。

（3）练习编辑组策略对象。

（4）练习配置密码策略。

（5）练习配置安全选项策略。

（6）练习创建软件限制策略。

（7）练习创建哈希规则。

参考文献

[1] 汪双顶，张选波. 局域网构建与管理项目教程. 北京：机械工业出版社，2012.

[2] 张选波. 企业网络构建与安全管理项目教程（上、下册）. 北京：机械工业出版社，2012.